Robert Sturm

Stereofotografie in der Paläontologie

Eine kurze Einführung mit Bildbeispielen

© 2021, Robert Sturm
Herstellung und Verlag:
BoD – Books on Demand, Norderstedt
ISBN: 9783755732693

Wie in zahlreichen Publikationen der näheren Vergangenheit demonstriert werden konnte, verfügt die Stereofotografie mitunter über ein hohes Potenzial zur Lösung wissenschaftlicher Probleme. Durch die dreidimensionale Wahrnehmung des Untersuchungsobjektes eröffnen sich dem Betrachter häufig völlig neue Perspektiven, welche die Beantwortung bestimmter Fragestellungen deutlich zu erleichtern vermögen. Gerade dieser Umstand hat dazu geführt, dass die stereoskopische Visualisierung in den vergangenen Jahren in verschiedene Wissenschaftsfelder Einzug gehalten hat. Einen besonderen Stellenwert konnte das mit einfachen Mitteln realisierbare optische Verfahren in den Naturwissenschaften erlangen, da dort vielfach ein besonderer Bedarf nach räumlicher Bildinformation besteht.

Anhand einer Vielzahl an Veröffentlichungen konnte erfolgreich dargelegt werden, dass die Stereofotografie in materialwissenschaftlichen, erdwissenschaftlichen und biologischen Disziplinen in gleichem Maße ihren Zweck zu erfüllen und demzufolge neue Erkenntnisse zu den jeweiligen Untersuchungsobjekten zu liefern vermag. Durch vereinzelte Studien ist diese Fähigkeit der optischen Methode auch für das breite Feld der paläontologischen Forschung attestiert worden. So ist es beispielsweise gelungen, Nanno- und Mikrofossilien wie Coccolithen, Radiolarien, Foraminiferen, Diatomeen und Conodonten einer völlig neuen Betrachtungsweise zuzuführen, welche den Wissenschaftler unter anderem zu einer wesentlich detaillierteren Analyse von oberflächlichen Strukturen befähigt. Die daraus resultierende Zusatzinformation kann etwa im Rahmen der systematischen Kategorisierung der Organismen eine entscheidende Rolle spielen. Neben Kleinstfossilien gelten natürlich jene Versteinerungen von mittelgroßen und großen Lebewesen als bestens geeignet für die stereoskopische Darstellung, wobei in diesem Fall das 3D-Bild vor allem für unterschiedliche Formen der Präsentation genutzt wird.

Das vorliegende Buch beschäftigt sich mit dem Nutzen der stereoskopischen Fotografie in der Paläontologie. Dabei kommen sowohl mikroskopische als auch makroskopische Anwendungsbereiche des optischen Verfahrens zur Sprache. Einem kurzen Einleitungskapitel, welches allgemeine Informationen zu Paläontologie und Stereoskopie in den Naturwissenschaften bereithält, folgen ein ausführlicher Methodenteil sowie ein Abschnitt mit zahlreichen Bildbeispielen aus Mikro- und Makrokosmos.

Robert Sturm, Herbst 2021

Inhalt

1 Einleitung

1.1 Grundzüge der Paläontologie

Unter der Paläontologie versteht man ganz allgemein jene Wissenschaft, welche sich mit den Lebewesen des Prä-Holozäns[1] befasst. Der Name dieser Disziplin leitet sich aus dem Altgriechischen ab („die Lehre vom alt Seienden") und gelangte im Jahre 1822 erstmalig zur Verwendung. In diesem Jahr nämlich führten die beiden französischen Wissenschaftler D. de Blainville und A. Brongniart besagten Terminus ein und ersetzen damit den zuvor noch gebräuchlichen Begriff der Petrefaktenkunde.[2] Die Paläontologie repräsentierte zum damaligen Zeitpunkt freilich nur eine Hilfswissenschaft der Geologie, die in ihrer frühen Phase mit der Bezeichnung Geognosie belegt war. Ganz anders gestaltet sich dieser Sachverhalt in der Gegenwart, wo die paläontologische Wissenschaft schon längst zu einer eigenständigen Forschungsdisziplin avanciert ist und an zahlreichen universitären Lehrstühlen unterrichtet wird.

---

[1] Unter dem Prä-Holozän versteht man die Zeit vor der geologischen Gegenwart (Holozän), deren Beginn vor ungefähr 10 000 Jahren anzusetzen ist.

[2] Als Petrefakten wurden in der Vergangenheit im Allgemeinen Versteinerungen aller Art bezeichnet.

Im Mittelpunkt der Paläontologie stehen die Fossilien, bei denen es sich in den meisten Fällen um versteinerte Überreste von ausgestorbenen Lebewesen handelt. Der aus dem Lateinischen stammende Begriff des Fossils (*fodere* = graben) wurde erstmals im 16. Jahrhundert von Agricola verwendet. Dieser umfasste zum damaligen Zeitpunkt auch noch Mineralien, Artefakte[3] und sogenannte Scheinfossilien. In der modernen Wissenschaft erfolgt lediglich eine Unterscheidung zwischen Körperfossilien (Reste vorzeitlicher Lebewesen) auf der einen Seite und Spurenfossilien (Lebensspuren vorzeitlicher Lebewesen) auf der anderen. Bei den Körperfossilien muss es sich dabei nicht zwangsläufig um Versteinerungen handeln, da von manchen ausgestorbenen Organismen auch noch Gewebe- und Körperteile überliefert sind.[4]

Der moderne Begriff des Fossils bezieht sich längst nicht mehr nur auf ausgestorbene Lebewesen, da zahlreiche rezente (= holozäne) Organismen bereits in der Vorzeit den Erdball besiedelten und dem paläontologischen Überlieferungsprozess (Fossilisation) unterzogen wurden. Auf der anderen Seite gibt es jedoch auch eine

---

[3] Artefakte umfassen alle vom urzeitlichen Menschen hergestellten Gegenstände (z. B. Faustkeile).

[4] Man denke in diesem Zusammenhang beispielsweise an jene im Permafrostboden konservierten Mammutkadaver oder an Tintenbeutel von Tintenfischen beziehungsweise Hautexemplare von mesozoischen Fischechsen.

Reihe von ausgestorbenen Lebewesen (z. B. Quagga[5], verschiedene Seeanemonen), welche uns nicht in fossiler Form überliefert sind.

Möchte man eine präzise Einordnung der paläontologischen Wissenschaft vornehmen, so hat man diese zunächst klar von der Archäologie auf der einen Seite und der Urgeschichte auf der anderen abzutrennen. Beide genannten Disziplinen rücken den Menschen und dessen kulturelle Entwicklung in ihren Mittelpunkt, wohingegen die moderne Paläontologie auf alle Lebewesen (Einzeller, Pflanzen, Tiere) Bezug nimmt. Die Paläontologie gilt als sehr breites Forschungsfeld innerhalb der Naturwissenschaften und repräsentiert ein bedeutendes Teilgebiet sowohl der Biologie als auch der Geologie. In den frühen 1980er Jahren wurde diesem Umstand im durch amerikanische Forscher neu geprägten Begriff der Geobiologie eine besondere Würdigung zuteil.

1.2 Teildisziplinen der Paläontologie

Die Paläontologie sah sich in den vergangenen Jahrzehnten mit einer kontinuierlichen Vergrößerung ihres Aufgabenbereiches konfrontiert. Dieser Umstand ist vor allem auf die Etablierung immer neuerer Untersuchungsmethoden zurückzuführen. Gegenwärtig wird die wissenschaftliche Disziplin in drei Teilgebiete untergliedert (→ Abb. 1): Die Allgemeine Paläontologie um-

---

[5] Hierbei handelt es sich um eine südafrikanische Zebraart.

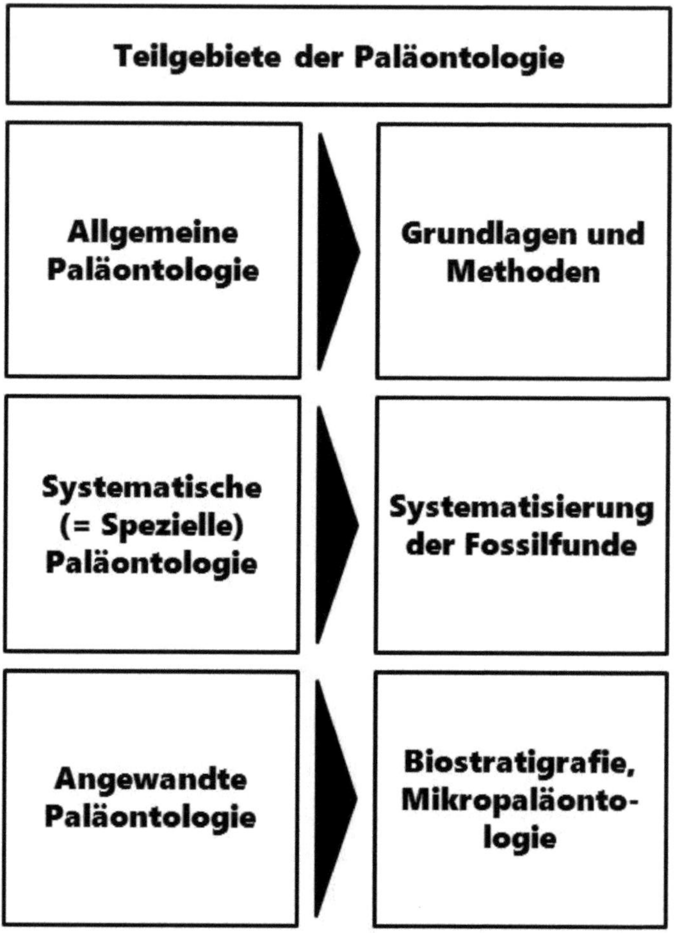

1

Die einzelnen Teilgebiete der Paläontologie und ihre zentralen Aufgabenbereiche.

fasst im Wesentlichen die Grundlagen- und Methoden-
foschung. So beschäftigt sich unter anderem mit dem
Prozess der Fossilisation und unternimmt darüber hinaus den Versuch einer möglichst vollständigen Rekonstruktion der fossilen Lebewesen und ihres ur-
sprünglichen Lebensraumes. Die Systematische oder
Spezielle Paläontologie sieht ihre zentrale Aufgabe in
der Systematisierung (taxonomischen Einordnung) der
Fossilfunde. Sie lässt sich in die Paläozoologie auf der
einen Seite und die Paläobotanik auf der anderen un-
tergliedern. Die erstgenannte Teilbereich umfasst dabei
die Wirbellosen- und Wirbeltier-Paläontologie, wohingegen der zweitgenannte Teilbereich neben den Pflanzen selbst auch deren Pollen und Sporen erforscht.[6] Die
Angewandte Paläontologie gliedert sich nach heutigem
Verständnis in die beiden Disziplinen der Biostratigrafie
und der Mikropaläontologie. Ihre hauptsächliche Aufgabe besteht darin, mithilfe der vorgefundenen Fossilien eine relative Zeitbestimmung durchzuführen und
damit eine chronologische Vergleichbarkeit von verschiedenen tierischen und pflanzlichen Entwicklungsli-
nien zu schaffen. Die Biostratigrafie nutzt in der Regel
mit Leitfossilien durchsetzte Sediment- beziehungsweise Gesteinshorizonte zur Durchführung der relativen

---

[6] Die Pollen- und Sporenforschung findet in der sogenannten Palynologie ihre Zusammenfassung. Dieses Teilgebiet
spielt in der Speziellen Paläontologie seit den frühen
1980er Jahren eine übergeordnete Rolle.

Chronologie, wohingegen bei der Mikropaläontologie entsprechende zeitliche Einordnung durch die systematische Bestimmung diverser Nanno- und Mikrofossilien erfolgt. Die Mikropaläontologie erblickte etwa zeitgleich mit der Etablierung lichtmikroskopischer Verfahren in den Naturwissenschaften das Licht der Welt und steht in engem Zusammenhang mit Forschern wie A. D'Orbigny, C. G. Ehrenberg und A. E Reuss. Ihr zentrales Interesse gilt sowohl den Resten mikroskopisch kleiner tierischer Organismen (Foraminiferen, Radiolarien, Ostracoden, Conodonten) als auch den Überbleibseln winziger pflanzlicher Organismen (Silicoflagellaten, Coccolithen).

Wenn man sich die einzelnen Teilgebiete der Paläontologie nochmals in gesammelter Form vor Augen führt, gelangt man zu der Erkenntnis, dass die Hauptaufgabe des Paläontologen in der systematischen Zuordnung der Fossilien einerseits und deren erdgeschichtlicher Altersdatierung andererseits besteht. Die Wissenschaft beschäftigt sich aber auch mit der ausführlichen Rekonstruktion des einstigen Lebensraumes der ausgestorbenen Lebewesen und versucht darüber hinaus deren Lebens- und Ernährungsweise zu ergründen (Paläökologie). Eine ebenfalls nicht unbedeutende Frage betrifft die Verbreitung einzelner Organismen und deren zeitliche Veränderung (Paläogeografie).

Die Paläontologie darf heute sicherlich zurecht als eine Kerndisziplin der Biowissenschaften bewertet werden,

da die genaue Kenntnis von Fossilien letztendlich un-
entbehrlich für die Evolution der Lebewesen ist. Der paläontologischen Forschung ist es auch zu verdanken,
dass unser Wissen über ausgestorbene Tier- und Pflan-
zenarten (z. B. Dinosaurier, Trilobiten, Ammoniten, Rie-
senschachtelhalme) in den vergangenen Jahrzehnten
und Jahrhunderten kontinuierlich angestiegen ist.

1.3 Wichtige klassische Arbeitsmethoden der Paläontologie

Die Paläontologie verfügt aufgrund ihrer zahlreichen
Teildisziplinen über ein breites Spektrum an Arbeitsmethoden, wobei technische und wissenschaftliche Methoden in enger Assoziation zueinander stehen (→ Abb.
2). Am Beginn der paläontologischen Forschung steht
die Aufsammlung, Bergung oder Ausgrabung der im
Zentrum des wissenschaftlichen Handelns stehenden
Fossilien. Die Aufsammlung — etwa auf Feldern oder in
Gärten — stellt dabei sicherlich die einfachste Form des
Zugangs zu den versteinerten Lebewesen dar. Die Bergung von Fossilien findet zumeist in Sand- und Ziegel-
gruben oder in Steinbrüchen statt und erfordert bereits
einen wesentlich höheren technischen Aufwand. Die
Ausgrabung schließlich repräsentiert eine nach genauer
vorheriger Planung ablaufende Freilegung der Verstei-
nerung, wie sie beispielsweise in Höhlen oder Spalten-
füllungen stattzufinden hat. Dabei können mitunter
auch schwere Maschinen zum Einsatz gelangen, welche

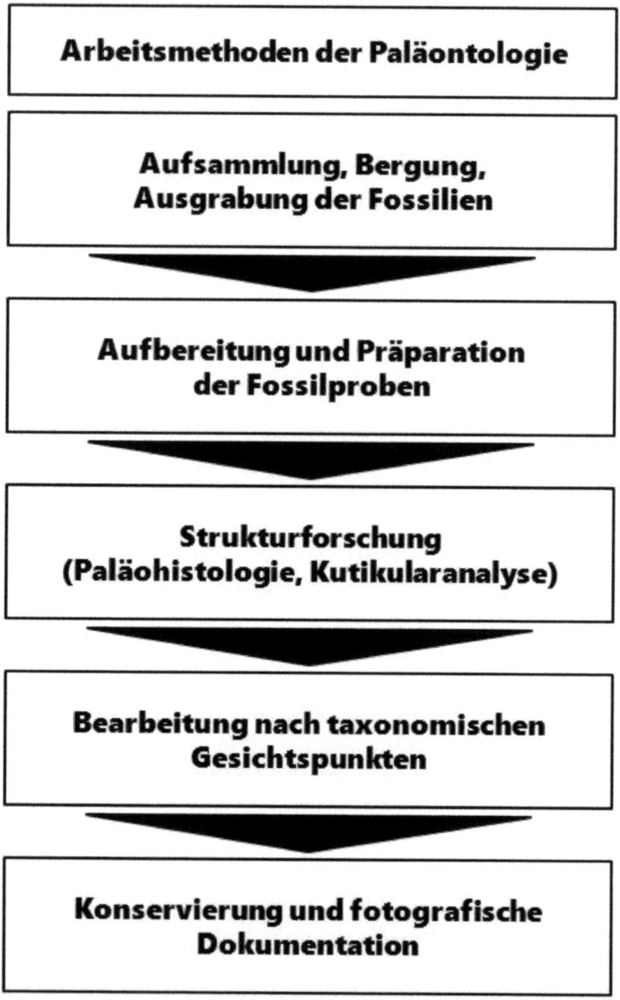

2

Arbeitsmethoden der Paläontologie

Aufsammlung, Bergung, Ausgrabung der Fossilien

Aufbereitung und Präparation der Fossilproben

Strukturforschung (Paläohistologie, Kutikularanalyse)

Bearbeitung nach taxonomischen Gesichtspunkten

Konservierung und fotografische Dokumentation

Wichtige Arbeitsmethoden der Paläontologie.

eine Abtragung mächtiger Deckschichten herbeiführen. Hierbei ist immer darauf zu achten, dass die ursprüngliche Lage der Fossilien erhalten bleibt, damit eine möglichst exakte Dokumentation der Fossilisation sowie eine entsprechende stratigrafische Zuordnung durchgeführt werden kann.

Während sich die zuvor beschriebenen Arbeitsschritte vor allem auf Groß- beziehungsweise Makrofossilien beziehen, ist bei Mikrofossilien eine gezielte Probenahme des Sediments oder Wirtsgesteins vorzunehmen. Neben einer systematischen Beprobung von im Gelände anstehenden Sediment- beziehungsweise Gesteinsschichten kann auch ein Bohrkern auf seinen Gehalt an mikroskopischen tierischen und pflanzlichen Überresten untersucht werden. Der Probenahme folgt in der Regel die Aufbereitung und Probenpräparation, so dass die Fossilien schließlich einer Analyse unter dem Stereo- oder Durchlichtmikroskop zugeführt werden können. Die Aufbereitung der mikroskopisch kleinen Fossilien stellt einen Arbeitsschritt dar, welcher in einem speziell ausgestatteten Labor zu tätigen ist und in Hinblick auf seinen Ablauf von Sedimentart und Erhaltungszustand der tierischen und pflanzlichen Überreste abhängt. Für gewöhnlich treten neben die rein mechanische Aufbereitung (Sieben, Schlämmen) noch chemische Aufschlussverfahren, mit deren Hilfe die Fossilien aus dem Mineralverband des Sediments oder Gesteins herausgelöst werden können. Als besonders effizient erweist sich in diesem Fall die Verwendung von Wasserstoffperoxid, Glaubersalz, Salzsäure, Monochloressigsäure, Natronlauge oder Flusssäure. Monochloressigsäure findet insbesondere bei nicht-karbonatisierten Mikrofossilien in Kalkgesteinen (z. B. Conodonten) seine breite Anwendung, während Natronlauge bei Einzellern mit Kieselskeletten (z. B. Radiolarien) und Flusssäure bei Mikrofossilien in Tonen genutzt wird.

Wie bereits erwähnt wurde, folgt der Auffindung beziehungsweise Aufbereitung der Fossilien deren systematische Präparation. Bei Makrofossilien sind oftmals bereits am Fundort entsprechende Präparationsschritte vorzunehmen (z. B. Tränkung in Kunstharz, Anfertigung eines Gipsmantels), um eventuellen Beschädigungen oder Zerbrechungen der Überreste vorzubeugen. Mithilfe dieser Vorkehrungen gelingt in der Regel ein möglichst unbeschadeter Transport der Objekte in das Labor. Liegen die Fossilien in Form größerer Ansammlungen (Fossilplatten) vor, so empfiehlt sich in etlichen Fällen das Eingießen der präparierten Oberseite in Kunstharz, da dadurch eine leichtere Freilegung der Unterseite des Objektes ermöglicht wird.

Bei der Freilegung von fossilen Wirbeltierskeletten ist eine Montage der einzelnen Skelettelemente vorzunehmen, wobei für diesen Arbeitsschritt sowohl die Vollständigkeit des Objektes als auch entsprechende osteologische Kenntnisse als Voraussetzung zu gelten haben. Die am Ende des Vorgangs stehende Skelettrekonstruktion soll durch höchstmögliche biologische Plausibilität gekennzeichnet sein und Kenntnisse zu Körperhaltung und Fortbewegungsart der ausgestorbenen Tierart widerspiegeln. Handelt es sich bei dem Fossilfund um ein unvollständiges Skelett, so ist eine Ergänzung fehlender Teile oder fragmentärer Komponenten durchzuführen, wobei bereits vorhandene Rekonstruktionen derselben Tierart als Vorbild dienen können. Die moderne paläontologische Forschung greift vermehrt auf komplette Kunstharzabgüsse von Wirbeltierskeletten zurück, da diese wegen ihres geringeren Gewichtes leichter transportiert und montiert werden können.

Bei relativ dünnen Fossilplatten (z. B. Solnhofener Plattenkalk, Hunsrück-Schiefer) sind Präparationsmethoden zu wählen, die von jeglicher gröberer Zerstörung der Objekte absehen. Entsprechende Konservierungsarbeiten werden hier oftmals mit speziellen Meißeln, Bürsten und Sticheln durchgeführt. Auch Zahnbohrgeräte und spezielle Sandstrahlgebläse können in derartigen Fällen zum Einsatz gelangen. Die Fossilplatten eignen sich in manchen Fällen für eine gezielte Durchleuchtung mit Röntgenstrahlen, mit deren Hilfe sich in der Vergangenheit zahlreiche bedeutende Nachweise (z. B. Identifikation von Weichteilen bei Kopffüßern und Trilobiten) erbringen ließen.

Bei kleineren Fossilien besteht eine weitere Möglichkeit der Präparation in der Anfertigung von Serienschliffen.

Diese von E. A. Son Stensiö in den 1920er Jahren ins Leben gerufene Technik, welche erstmalig bei der Untersuchung devonischer Agnathen zur Anwendung gelangte, beruht auf der Zerteilung des Fossils entlang definierter Schnittebenen, wobei von jedem Schnitt ein für die mikroskopische Arbeit geeigneter Dünnschliff angefertigt wird. Die Serienschliffmethode gibt in zahlreichen Fällen einen guten Einblick in den anatomischen Bau der ausgestorbenen Lebewesen und legt zudem von außen nicht sichtbare Details offen. Da die Originalobjekte durch das Verfahren ihrer unweigerlichen Zerstörung zugeführt werden, erfolgt die standardmäßige Anfertigung von künstlichen Reproduktionen, Lackfilmabzügen oder Zelluloidpräparaten.

In der Mikropaläontologie werden die aus dem Sediment- oder Gesteinsverband extrahierten Fossilien in speziellen für die auflichtmikroskopische Dokumentation geeigneten Probenbehältnissen konserviert. Bei kleinsten fossilen Überresten (Nannofossilien) wird eine winzige Sedimentprobe mit Fossilinhalt (Spatelspitze) auf einen Glasobjektträger überführt und in einigen Tropfen destillierten Wasser mithilfe einer Präpariernadel oder eines Zahnstochers aufgeschlämmt. Die erhaltene Suspension wird in weiterer Folge regelmäßig über eine begrenzte Fläche des Objektträgers verteilt. Durch Überführung des Präparates auf eine Heizplatte kommt es zur raschen Verdunstung des Wassers. Die Probe wird in weiterer Folge in Kanadabalsam einge-

bettet und mit einem dünnen Glasplättchen einge-
deckelt. Das fertiggestellte Präparat kann unter dem
Lichtmikroskop bei hinreichend hoher Vergrößerung (in
der Regel 1000-fach) studiert werden.

Eine paläontologische Arbeitsmethode, welche vor allem in den vergangenen Jahrzehnten zunehmend an
Bedeutung gewonnen hat, umfasst die der Strukturforschung zuzuordnende Paläohistologie und Kutikularanalyse. Die Paläohistologie setzt sich dabei die Er-
gründung der mikroskopischen Strukturen von Harttei-
len zum Ziel. Ihr ist es unter anderem zu verdanken,
dass in den Knochenstrukturen mancher fossiler Rep-
tilien Hinweise auf deren einstige Warmblütigkeit ge-
funden wurden. In der Paläobotanik dient die Paläohistologie beispielsweise zur detaillierten Analyse fossiler Hölzer, wobei hier etwa die Anatomie der einzelnen
Leitbündel ins Zentrum des wissenschaftlichen Interes-
ses rückt.

Eine ausschließlich der Paläobotanik zuzuordnende Arbeitsmethode wird durch die Kutikularanalyse repräsentiert, bei welcher fossile Blattreste einer näheren
Analyse zugeführt werden. Gemäß dem Namen dieses
Verfahrens wird der Fokus auf die Kutikula (Blattober-
häutchen) der Ober- und Unterseite des Blattes gelenkt,
wobei diese Struktur etwa bei inkohlten Blattresten fossil erhalten bleibt. Die Kutikula kann mithilfe der bereits
erwähnten Lackfilmmethode von ihrem Untergrund ge-
löst und nach entsprechender Mazeration mikrosko-

pisch untersucht werden. Hierbei erfolgt insbesondere die detaillierte Erfassung systematisch wichtiger Merkmale wie Stomata (Spaltöffnungen) oder Hydathoden (Wasserspalten).

Als eines der wichtigsten Grundanliegen der Paläontologie gilt sicherlich die Bewertung der systematischen oder taxonomischen Stellung der im Gelände vorgefundenen Fossilien. Zu diesem Zweck stellen die Altersermittlung der Überreste und die Klärung stammesgeschichtlicher Zusammenhänge bedeutende Hilfestellungen dar. Im Mittelpunkt der taxonomischen Arbeitsmethode steht die Zuordnung von Gattungs- und Artnamen zu einem Fossil, wobei hier jene von Carl von Linné im 18. Jahrhundert ins Leben gerufene Nomenklaturregeln ihre Anwendung finden. Der Paläontologe sieht sich vor allem in diesem Bereich mit einer wesentlichen Problematik konfrontiert, da er die Artbestimmung ausschließlich nach morphologischen Kriterien vollziehen kann (Morphospezies), nicht mehr jedoch zum Studium des Individuums an und für sich in der Lage ist (Biospezies).

Die paläontologische Forschung bedient sich in ihrem Streben nach Erkenntnisfortschritt freilich nicht nur der regulären systematischen Kategorien (Taxa), sondern auch künstlicher Einheiten (Parataxa), welche unter anderem bei isolierten Fossilresten ohne Vergleichsmaterial ihre gezielte Anwendung finden. Der Gebrauch von Parataxa war in den vergangenen Jahrzehnten freilich nicht nur der Paläobotanik vorbehalten, sondern hielt auch seinen breiten Einzug in die Mikropaläontologie. Dort wurden beispielsweise die Coccolithophoriden (Kalkflagellaten) oder Conodonten (Zähne/Reusenapparat des Conodonten-Tieres) anhand der verschiedenen systematischen Kategorien erfasst.

Einen zentralen Bestandteil der paläontologischen Arbeit repräsentiert mit Sicherheit die Konservierung der Fossilien. Diese findet je nach Größe der Objekte entweder in universitären Sammlungen oder in naturwissenschaftlichen Museen statt. In engem Zusammenhang mit diesem Vorgang steht die Anlegung von fotografischen Archiven, in denen entsprechende Abbildungen einzelner Fossilien in gesammelter Form vorliegen.

Die systematische Fotografie paläontologischer Objekte stellt im Grunde genommen eine Wissenschaft für sich dar und soll im Rahmen dieses einleitenden Kapitels nur in aller gebotenen Kürze dargelegt werden. Grundsätzlich wurde die Analogfotografie in den vergangenen Jahrzehnten sukzessive von der Digitalfotografie verdrängt, da letzteres Verfahren sofort Ergebnisse liefert und in der Regel auch wesentlich einfacher als sein Vorgänger durchführbar ist. Die Art der fotografischen Visualisierung richtet sich wie bei zahlreichen anderen wissenschaftlichen Methoden nach der Größe des aufzunehmenden Objektes (→ Abb. 3). Im Falle jener Fossilien, deren Größe im Mikrometerbereich

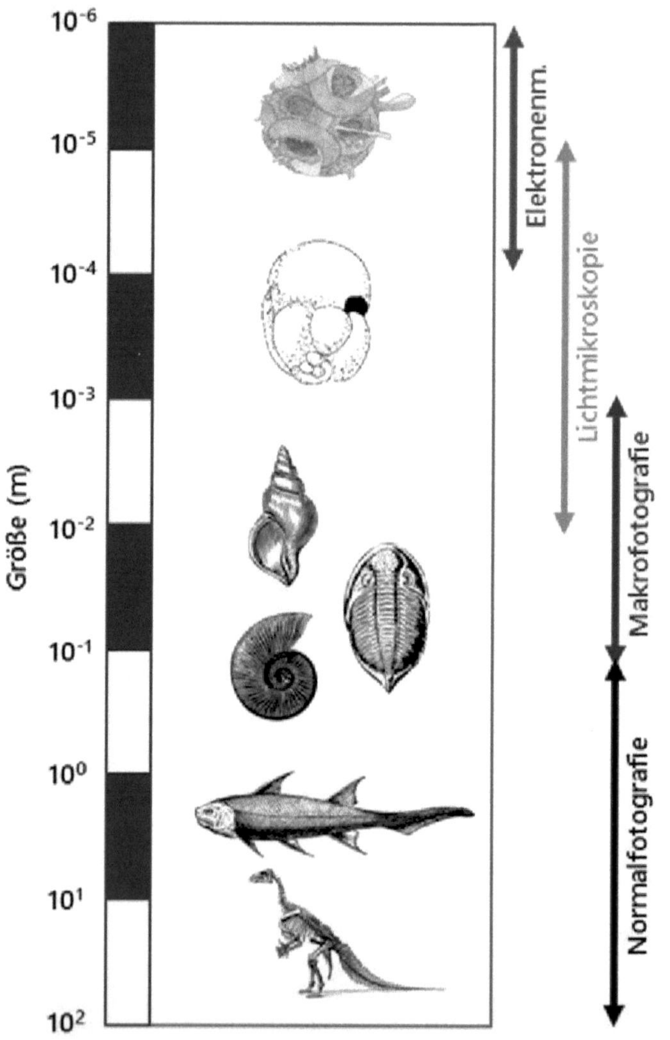

3

Größenordnungen und zugehörige Bildgebungsverfahren in der Paläontologie.

rangiert (Coccolithen, Radiolarien), ist in der Regel das Rasterelektronenmikroskop für die Anfertigung der fotografischen Aufnahmen heranzuziehen. Dieses liefert für gewöhnlich gut verwertbare Daten zu den jeweiligen Oberflächenstrukturen der untersuchten fossilen Übereste. Transparente Nanno- und Mikrofossilien können auch unter Zuhilfenahme der Durchlichtmikroskopie fotografisch dokumentiert werden, wobei hier jedoch besonders hochwertige Geräte mit entsprechend hohem Auflösungsvermögen heranzuziehen sind.

Grundsätzlich findet die Lichtmikroskopie für Fossilien der oberen Mikrometerskala (> 100 μm) und der unteren Millimeterskala (< 10 mm) ihre breitere Anwendung. Dabei tritt neben das Durchlichtmikroskop auch das Auflichtmikroskop, welches sich insbesondere bei opaken Objekten anbietet. Die in Verbindung mit dem Lichtmikroskop stehende Fotografie kann auf verschiedene Art und Weise erfolgen. Die bequemste und qualitativ hochwertigste Form der fotografischen Aufnahme besteht in der Verwendung eines eignen Fototubus, der auf dem Mikroskopkopf zwischen den beiden Okularen montiert wird und somit einen Zugang für die Kamera zum transmittierten beziehungsweise reflektierten Licht des Mikroskopes liefert. Eine alternative Möglichkeit der lichtmikroskopischen Fotografie umfasst die Anfertigung von Aufnahmen durch eines der beiden Okulare. Technische Studien der jüngeren Vergangenheit haben hier gezeigt, dass lichtstarke Handy-Kameras, die mithilfe spezieller Haltekonstruktionen vor dem Okular montiert werden, mitunter hervorragende Resultate bieten können. Dieser Sachverhalt ist unter anderem damit zu begründen, dass die Kameralinsen im Gegensatz zu den Objektiven herkömmlicher digitaler Fotoapparate sehr klein konzipiert sind und dadurch das Okular nahezu perfekt abzudecken vermögen.

Im Größenbereich zwischen 1 mm und 100 mm gelangt für gewöhnlich die Makrofotografie zum Einsatz. Während bei älteren Analogkameras noch ein spezielles Makroobjektiv am Gehäuse montiert werden musste, bieten die meisten modernen Digitalkameras neben dem konventionellen Bild auch die Makroaufnahme an. Hierbei ist stets darauf zu achten, dass das fotografisch festzuhaltende Objekt eine möglichst gleichmäßige Ausleuchtung erfährt und keinen störenden Schatten wirft. Zudem ist der Versuch der Erzeugung einer möglichst großen Tiefenschärfe zu unternehmen, um eine scharfe Darstellung von vorderer und hinterer Bildebene zu gewährleisten.

Jene paläontologischen Objekte, welche eine Größe von 100 mm überschreiten, können mithilfe einer normalen Digitalkamera fotografisch dokumentiert werden. Auch hier ist natürlich auf die Einhaltung entsprechender Grundregeln in Hinblick auf Beleuchtung und Tiefenschärfe zu achten, wobei der Abstand zwischen Betrachter und Objekt (Gegenstandsweite) je nach Größe des Untersuchungsgegenstandes deutlich variiert.

1.4 Stereoskopische Fotografie in der Paläontologie – ein kurzer Überblick

Im Vorwort dieses Buches wurde bereits darauf hingewiesen, dass die Stereofotografie mittlerweile als fester Bestandteil des naturwissenschaftlichen Methodenspektrums anzusehen ist. Eine erstmalige Aufnahme des optischen Verfahrens in die wissenschaftliche Arbeit erfolgte schon zu Beginn des 20. Jahrhunderts, als man die Vorzüge des dreidimensionalen Bildes bei der fotografischen Darstellung von Wolkenstrukturen (Meteorologie) oder speziellen Geomorphologien (Topografie) zu nutzen wusste. Auch in der Archäologie und in manchen Ingenieurwissenschaften vermochte sich dieses spezielle Bildgebungsverfahren bereits relativ früh zu etablieren. Sein Zugang zu den Naturwissenschaften blieb ihm hingegen noch etliche Jahrzehnte verwehrt; erst in den 1970er Jahren, als das 3D-Bild auch die Filmwelt sukzessive für sich zu erobern vermochte, begann man sich in einzelnen naturwissenschaftlichen Disziplinen der Vorzüge des räumlichen Bildgebungsverfahrens zu besinnen.

Gegenwärtig gilt die Stereofotografie vor allem als unverzichtbarer Bestandteil etlicher biologischer Teilgebiete, unter denen die Mikrobiologie, Malakologie (Weichtierkunde) oder Entomologie (Insektenkunde) in besonderem Maße hervorzuheben sind. Auch in der den Materialwissenschaften zuzuordnenden Kristallografie vermag das 3D-Bild mitunter wertvolle Dienste zu leisten, etwa wenn es darum geht, die Oberflächenstruktur verschiedener kristalliner Gebilde im Detail zu erfassen. Als in enger Assoziation mit den Naturwisschaften stehende Disziplinen haben in der Zwischenzeit auch die Mathematik auf der einen Seite und die Medizin auf der anderen die Vorteile der stereoskopischen Bildgebung für sich entdeckt, wobei das Raumbild insbesondere bei Präsentationen oder als Lehrmittel seine breitere Verwendung findet.

Innerhalb des weitgespannten Bereichs der Naturwissenschaften konnte die Stereofotografie mittlerweile auch schon in den Erdwissenschaften und in der Paläontologie Fuß fassen. Anhand zahlreicher, in den vergangenen Jahren publizierter Veröffentlichungen konnte auf teils spektakuläre Art und Weise demonstriert werden, über welchen Sinn und Nutzen die stereoskopische Bildgebung in der paläontologischen Forschung verfügt. Im Bereich der Mikropaläontologie sind es vor allem winzige oberflächliche Strukturen, welche im 3D-Bild mitunter ihre bessere Darstellung finden und leichter zum Zweck der Artdetermination herangezogen werden können. Raumbilder kleiner fossiler Überreste werden oftmals auch für morphometrische Arbeiten genutzt, bei denen einzelne Strukturen eine möglichst exakte Vermessung in einem dreidimensionalen Koordinatensystem erfahren.

Bei jenen Fossilien, die sich nicht dem Auflösungsvermögen des Auges entziehen, vermag die Stereofotografie in Bezug auf zahlreiche Fragestellungen ebenfalls ihren Zweck zu erfüllen. Auch hier rückt oftmals die Untersuchung der oberflächlichen Strukturierung einzelner Objekte in den Mittelpunkt, wobei einzelne Strukturelemente im 3D-Bild deutlicher hervorgehoben werden können. Die fotografische Darstellung von Objekten der Zentimeter-, Dezimeter- oder Meterskala verlangt zudem oftmals nach zusätzlicher Tiefeninformation, um einerseits eine plastischere Abbildung des Fossils zu erzeugen und andererseits dessen räumliche Ausdehnung noch besser verstehen zu lernen.

Zahlreiche wissenschaftliche Beiträge in Fachzeitschriften und Herausgeberwerken erwecken in der Zwischenzeit den Eindruck, dass die Stereofotografie längst von ihrem Image des reinen Präsentationsmediums abgerückt und zu einer ernstzunehmenden wissenschaftlichen Methode aufgestiegen ist. Die Verwissenschaftlichung des 3D-Bildes führt in manchen Fällen schon so weit, dass manche Publikationen über einen stereoskopischen Anhang mit entsprechendem Bildkatalog verfügen. Hier darf man freilich sehr gespannt sein, welche Entwicklung die optische Methode in der zukünftigen paläontologischen Forschung nehmen wird.

2 Stereoskopische Methoden

2.1 Einige einleitende Bemerkungen

Die Stereoskopie bezeichnet im Allgemeinen eine optische Methode, bei der das zu untersuchende Objekt aus zwei geringfügig unterschiedlichen Perspektiven fotografisch festgehalten wird. Die Variation der Perspektive kann entweder durch eine vordefinierte Verschiebung der Kamera entlang einer horizontalen Linie oder einer Translation des Aufnahmegerätes entlang eines Kreisbogens erfolgen. Jede der beiden Aufnahmen liefert letztendlich ein sogenanntes Halbbild des Gegenstandes, wobei die zwei Halbbilder zusammengenommen ein Stereobild oder Stereogramm ergeben. Der stereoskopische Effekt wird nun dadurch erzielt, dass jedem Auge das ihm zugedachte Halbbild präsentiert wird. So erblickt das linke Auge beispielsweise lediglich das linke Halbbild, wohingegen das rechte Auge ausschließlich auf das rechte Halbbild gelenkt wird. Diese für die Stereoskopie essenzielle Trennung des Sehvorganges kann auf unterschiedliche Art und Weise herbeigeführt werden. Beim klassischen stereoskopischen Verfahren werden die beiden Halbbilder einfach nebeneinander positioniert, wobei sich die Gesamtbreite der Bildmontage aufgrund eines mittleren Augenabstandes von 6,5 Zentimeter auf maximal 13 Zentimeter belaufen sollte. Das auf derartige Weise zusammengesetzte Stereogramm wird in weiterer Folge unter Zuhilfenahme optischer Hilfsmittel oder autostereoskopischer Blicktechniken (Kap. 2.5) so betrachtet, dass die oben geschilderte strikte Bildtrennung zustandekommt. Die separate Wahrnehmung der Halbbilder hat einen Bildverschmelzungsprozess im Gehirn zur Folge, welcher das auf den Fotografien festgehaltene Objekt dreidimensional erscheinen lässt. Dieses durch die Fusion von Einzelbildern entstehende räumliche Sehen wird in der Fachsprache auch als Stereopsis bezeichnet.

Aus physiologischer Sicht stellt das stereoskopische Verfahren eine mit relativ einfachen Mitteln erzeugte Simulation des natürlichen Sehens dar, bei dem jedes vor dem Betrachter befindliche Objekt von linkem und rechtem Auge infolge des Augenabstandes aus zwei leicht unterschiedlichen Perspektiven erblickt wird. Diese, wenn man so will, duale Perspektivität ist bei nahe gelegenen kleinen Gegenständen stärker ausgeprägt, während sie bei weit entfernten Großobjekten mehr oder weniger vernachlässigt werden kann. Vom rein optischen Standpunkt her täuschen die beiden Halbbilder den Augen den jeweiligen Blick auf das Objekt selbst vor. Dies bedeutet, dass die optischen Sinnesorgane nicht zwischen selbst erzeugten und auf Fotografien präsentierten Halbbildern differenzieren können, wodurch in beiden Fällen derselbe Bildfusionsprozess im Gehirn eingeleitet wird.

Als modernere Alternative zum klassischen Stereobild mit nebeneinander montiertem linken und rechten Halbbild gilt die sogenannte Rot-Grün-Anaglyphe, bei welcher die beiden Halbbilder eine farbliche Differenzierung und nachfolgende Überlagerung erfahren. Gemäß dem Namen des Verfahrens wird ein Halbbild mit der Farbe Rot, das andere hingegen mit der Farbe Grün oder der zu Rot komplementären Farbe Cyan codiert. Die Bildüberlagerung erfolgt in der Regel mithilfe spezieller Computerprogramme (Photoshop, Anaglyph Maker), welche auch noch geringfügige Korrekturen der zwischen den Halbbildern bestehenden Deviation (siehe unten) zulassen.

Für die Betrachtung von Rot-Grün-Anaglyphen findet die aus speziellen Filterfolien konzipierte Rot-Grün-Brille ihre Verwendung (Kap. 2.5). Durch die Filterwirkung dieser Brille wird letztendlich jener gewünschte Zustand herbeigeführt, gemäß dem das eine Auge lediglich das rote Bild und das andere lediglich das grüne Bild zu sehen bekommt. Diese getrennte Bildwahrnehmung führt wie beim klassischen Stereobild zu jenem für das Stereosehen verantwortlichen Bildverschmelzungsprozess im Gehirn. Während Stereogramme mit nebeneinander montierten Halbbildern hinsichtlich ihrer Größe eine gewisse Beschränkung besitzen, können

Anaglyphen in nahezu beliebigem Format produziert werden, weshalb sie vor allem für Präsentationszwecke zum Einsatz gelangen.

Einen in Verbindung mit der stereoskopischen Bildgebung wichtigen Parameter stellt die sogenannte Deviation oder Disparität dar. Diese gibt Auskunft über die Position und den horizontalen Abstand zweier korrespondierender Bildpunkte. Darunter versteht jene beiden Punkte auf dem linken und rechten Halbbild, welche jeweils die gleiche Position auf dem abgebildeten Objekt markieren. Handelt es sich bei dem bildlich festgehaltenen Gegenstand beispielsweise um einen Würfel, so stellen die Eckpunkte in den Halbbildern korrespondierende Punktepaare dar. Durch die Fotografie des Objektes aus zwei geringfügig unterschiedlichen Perspektiven tritt zwischen linkem und rechtem korrespondierenden Bildpunkt eine leichte waagrechte Verschiebung auf, wobei das Ausmaß dieser Translation Einfluss auf die Intensität des stereoskopischen Effektes nimmt. Grundsätzlich wird die Deviation berechnet, indem man zunächst die jeweilige Distanz der korrespondierenden Bildpunkte zur rechten Bildkante ermittelt (Parameter x_l und x_r). Die Differenz dieser beiden Abstandswerte ($x_l - x_r$) ergibt schließlich den Zahlenwert für die Deviation, wobei hier positive ($x_l > x_r$) oder negative ($x_l < x_r$) Beträge gewonnen werden können. Gemäß einer Leitlinie der Deutschen Stereoskopischen Gesellschaft (DSG) sollte sich die absolute Deviation bei einer Halbbildbreite von 65 Millimeter auf maximal 2 Millimeter belaufen. Dies entspricht einer relativen Deviation (= absolute Deviation / Bildbreite x 100) von 3,1 %. Bei zu geringen Werten für absolute und relative Deviation ergibt sich in der Regel ein kaum identifizierbarer stereoskopischer Effekt, wohingegen zu hohe Deviationswerte zur Verhinderung des Bildfusionsprozesses im Gehirn und zur Entstehung von Doppelbildern führen.

Der oben erläuterte Unterschied zwischen positiver und negativer Deviation äußert sich in der Art der räumlichen Wahrnehmung des abgebildeten Objektes. Bei einem positiven Wert für die Deviation erfährt der Gegenstand eine dreidimensionale Ausdehnung in die Tiefe und bleibt damit auf jenen Bereich hinter der Bildebene beschränkt. Bei einer negativen Deviation hingegen wächst das Objekt gleichsam aus der Bildebene heraus und scheint damit vor dieser positioniert zu sein. Eine positive Deviation ist vor allem bei Landschaftsaufnahmen und größeren Untersuchungsobjekten anzustreben, da hier die räumliche Tiefe des Bildes zusätzliche visuelle Informationen zu liefern vermag. Zielt man mit der stereoskopischen Fotografie vermehrt auf die Analyse oberflächlicher Strukturen kleiner bis mittelgroßer Objekte ab, so ist die Erzeugung einer negativen Deviation zu empfehlen, da diese einerseits spektakuläre Bilder liefert, andererseits aber auch eine morphometrische Auswertung der Fotografien ermöglicht.

Wie anhand zahlreicher Publikationen aus der näheren Vergangenheit recht eindrucksvoll demonstriert werden konnte, sind bei der Anfertigung von stereoskopischen Aufnahmen einige Grundregeln zu beachten, welche von der Deutschen Stereoskopischen Gesellschaft ausgearbeitet wurden und hier demzufolge nur kurz angerissen werden sollen. Für die Erzeugung eines nahezu perfekten Stereobildes ist eine Minimierung der sogenannten Vertikalparallaxe, welche eine Vertikalverschiebung des Objektes zwischen linkem und rechtem Halbbild bezeichnet, anzustreben. Darüber hinaus ist bei der Produktion der Halbbilder auf eine konstante Beleuchtung des Gegenstandes zu achten. Bei Gebrauch einer Spiegelreflexkamera gilt die Verwendung von einheitlicher Blendenöffnung und Belichtungszeit als obligatorisch, um unterschiedliche Helligkeiten und Kontraste zwischen den beiden Halbbildern weitestgehend zu vermeiden. In unmittelbarem Zusammenhang damit ist auch die Tiefenschärfe zu sehen, welche zwischen den beiden fotografischen Aufnahmen keiner Veränderung unterzogen werden darf. Bei der elektronen- und lichtmikroskopischen Fotografie ist stets darauf zu achten, dass der gewählte Vergrößerungsfaktor keinerlei Modifikation erfährt und die einzelnen Blenden in ihren Einstellungen unverändert bleiben. Zuletzt ist noch jegliche Schrägstellung der Kamera, bei der ein spitzer Winkel zwischen optischer Achse des Aufnahmegerätes und der Strecke Betrachter–Objektfokuspunkt entsteht, zu vermeiden, da dieses Phänomen die Erzeugung ungewollter Trapezfehler nach sich ziehen kann.

2.2 Stereofotografie in der Rasterelektronenmikroskopie

In der Mikropaläontologie zählt die Untersuchung fossiler Überreste mithilfe des Rasterelektronenmikroskops mittlerweile zu den wissenschaftlichen Rountinearbeiten. Bei dieser Form des Mikroskops dient ein in einer Glühkathode erzeugter Primärelektronenstrahl zur Abrasterung der Objektoberfläche. Die durch diesen Vorgang erzeugten Sekundärelektronen[7] werden von speziellen Detektoren erfasst und schlussendlich für die mikroskopische Bildgebung herangezogen. Die großen Vorteile des Rasterelektronenmikroskops gegenüber der konventionellen Lichtmikroskopie umfassen einerseits das stark gesteigerte Auflösungsvermögen[8] und ande-

---

[7] Unter Sekundärelektronen versteht man im Allgemeinen jene negativ geladenen Elementarteilchen, welche aus den Elektronenhüllen oberflächlicher Atome der Probe nach entsprechender Interaktion mit dem Primärelektronenstrahl herausgeschlagen werden. Diese Elektronen verfügen über eine relativ niedrige Energie, welche sich im Bereich von einigen Elektronvolt (eV) bewegt.

[8] Die sehr deutliche Steigerung des Auflösungsvermögens liegt darin begründet, dass die auf dem Teilchen-Welle-Dualismus beruhende Wellenlänge von Elektronen wesentlich geringer als jene des sichtbaren Lichts ist.

rerseits die wesentlich höhere Tiefenschärfe der abgebildeten Strukturen.

Bei modernen Rasterelektronenmikroskopen gestaltet sich die Herstellung von dreidimensionalen Stereobildern denkbar einfach (→ Abb. 4). Voraussetzung für eine entsprechende Bilderzeugung ist zunächst, dass die Untersuchungsobjekte in geeigneter Art und Weise für die Mikroskopie präpariert werden. Bei Fossilien, welche beispielsweise aus Kalkstein oder Kieselstein bestehen, bleibt dieser Arbeitsvorgang zumeist auf einen entsprechenden Reinigungsprozess beschränkt, der die Oberflächen der Objekte von störenden Mineralpartikeln befreien soll. Die gereinigten Fossilien werden in weiterer Folge auf einem Probenhalter oder Objektträger montiert. Der letzte Schritt der Probenvorbereitung sieht eine Bedampfung der Präparate mit Kohlenstoff und/oder deren Besputterung mit Gold vor. Durch diesen Schritt wird eine elektrische Leitfähigkeit der Objektoberfläche herbeigeführt, so dass oberflächliche Aufladungsphänomene weitestgehend vermieden werden können. Nach Vollendung der Präparation wird die Probe über eine Schleuse in die Vakuumkammer des Elektronenmikroskops eingeführt und steht für entsprechende Untersuchungen zur Verfügung.

Für die Erzeugung der stereoskopischer Halbbilder wird die durch die Mikroskopmechanik gebotene Möglichkeit der Kippung des Probenhalters genutzt. Die erste fotografische Aufnahme des Untersuchungsobjektes er-

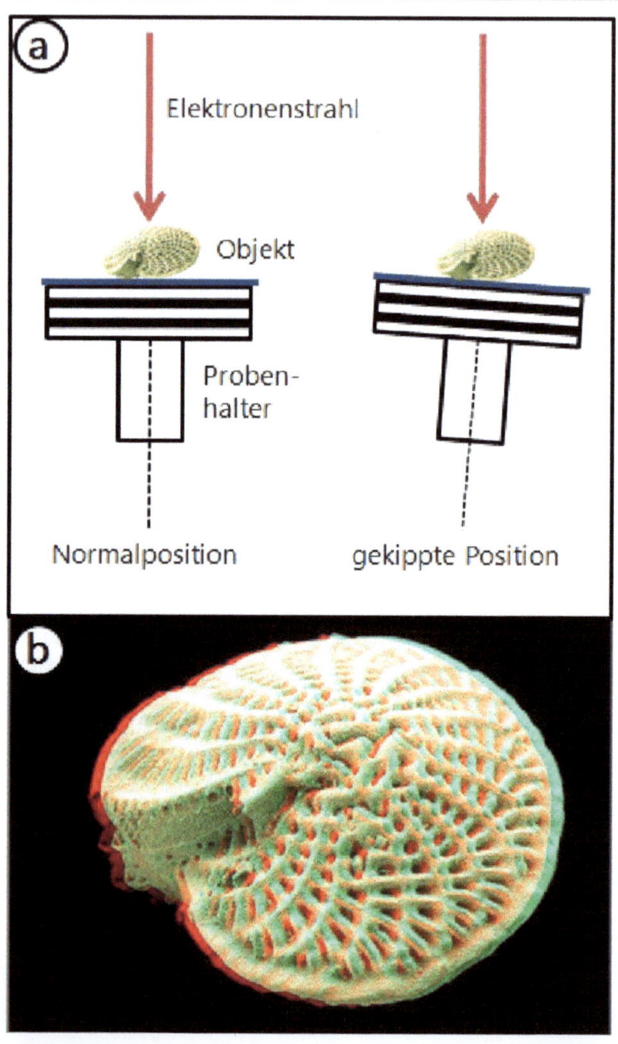

*(a) Erzeugung stereoskopischer Bilder in der Rasterelektronenmikroskopie; (b) Bildbeispiel (*Elphidium *sp.).*

folgt in dessen Normalposition, also bei ungekipptem Probenhalter. Für die zweite Aufnahme hingegen wird der Objektträger um einen Winkel von 2 bis 10° gekippt, so dass etwas seitlicher gelegene Oberflächenstrukturen des Fossils zum Vorschein treten. Beide Fotografien sind unter Verwendung desselben mikroskopischen Setups durchzuführen. Die durch die Aufnahmen erzeugten Halbbilder werden abschließend zu einem klassischen Stereogramm oder einer Rot-Grün-Anaglyphe zusammengesetzt.

Bei älteren Rasterelektronenmikroskopen erfolgt die Produktion der beiden Halbbilder mithilfe eines hochauflösenden digitalen Kamerasystems, wobei entsprechende Bildinformation auf Speicherkarten oder Festplatten abgelegt wird. Für die Herstellung der eigentlichen stereoskopischen Bilder ist man auf ein externes Computersystem mit vorinstallierter Spezialsoftware (Photoshop, Anaglyph Maker etc.) angewiesen. Bei moderneren Geräten ist dieses Computersystem bereits direkt in die mikroskopische Apparatur integriert, was letztendlich eine signifikante Verringerung der Arbeitszeit bedeutet.

Die Nutzung des modernen mikroskopischen Digitalsystems zur Produktion von 3D-Bildern eines interessierenden paläontologischen Objektes besitzt den erheblichen Vorteil, dass durch zahlreiche Probeaufnahmen eine Optimierung der Deviation (Kap. 2.1) und damit auch eine bestmögliche Einstellung des stereoskopischen Effektes herbeigeführt werden kann. Dazu ist es lediglich notwendig, den für das zweite Halbbild erforderlichen Kippwinkel unter Verwendung definierter Schritte (z. B. 0,5°-Schritte) zu variieren.

2.3 Stereofotografie in der Lichtmikroskopie

Die Lichtmikroskopie stellt in der paläontologischen Forschung mit Sicherheit eine der am weitesten verbreiteten Methoden dar. Während transparente Objekte der Mikrometerskala (Radiolarien, Diatomeen) bevorzugt einer Analyse im Durchlichtmodus unterzogen werden, erfahren opake Fossilien (Foraminiferen, Conodonten) ihre hauptsächliche Untersuchung im Auflichtmodus. Im Falle der Durchlichtmikroskopie sind im Wesentlichen zwei Verfahren zur Herstellung stereoskopischer Halbbilder zu unterscheiden (→ Abb. 5). Voraussetzung für die Anwendung beider Methoden ist eine gezielte mikroskopische Präparation der Objekte unter Anwendung jener in Kap. 1.3 beschriebenen Arbeitsschritte (Transfer der Fossilien auf einen Glasobjektträger, Einbettung der Probe in Kanadabalsam, Eindeckelung der Probe mit einem dünnen Deckglas).

Das erste Verfahren ist identisch mit jener für die Rasterelektronenmikroskopie dargestellten Technik, und umfasst die Aufnahme des zu analysierenden Objektes in normaler und geringfügig gekippter beziehungsweise rotierter Stellung (Kipp- oder Rotationsmethode). Dabei sind die mikroskopischen Einstellungen zwischen

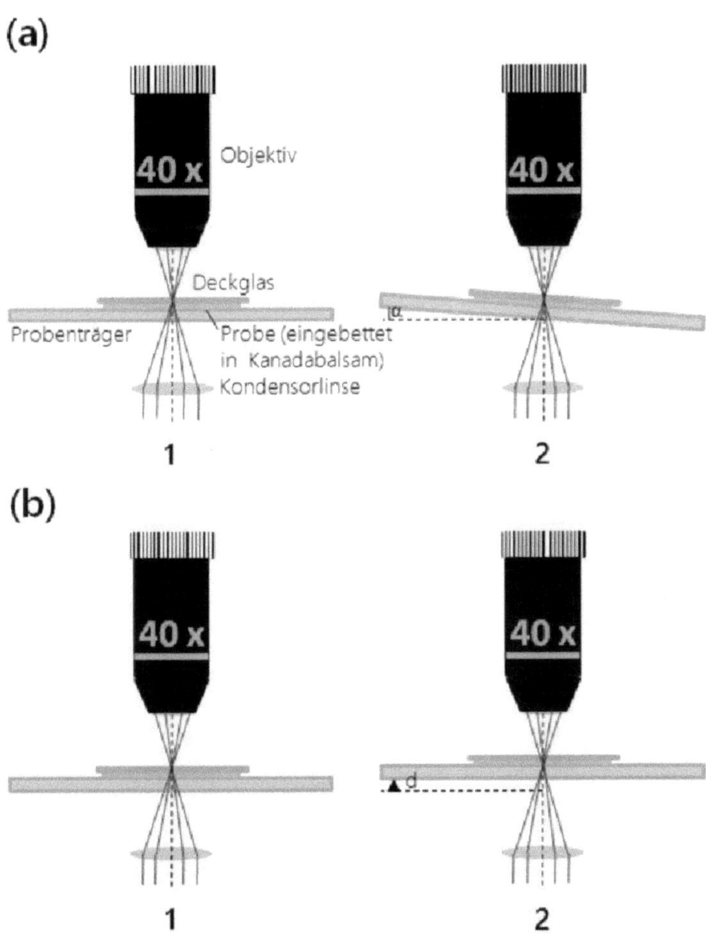

Erzeugung stereoskopischer Halbbilder unter dem Licht-mikroskop: (a) Kipp- oder Rotationsmethode, (b) Ver-schiebung der Fokusebene (Bildstapelmethode).

den beiden Fotografien beizubehalten. Der Kippwinkel sollte sich je nach verwendeter Vergrößerung zwischen 2 und 10° belaufen. Zu kleine Winkel führen in der Regel zu einer signifikanten Abschwächung des stereoskopischen Effektes, wohingegen zu große Winkel bei der Betrachtung der resultierenden Stereogramme zur Entstehung von Doppelbildern infolge der Unfähigkeit zur Bildfusion im Gehirn führen.

Ein alternatives Verfahren zur Herstellung stereoskopischer Bilder, welches sich vor allem an erfahrene Lichtmikroskopiker wendet, beinhaltet die Erzeugung eines aus mehreren Einzelaufnahmen bestehenden Bildstapels durch sukzessive Verschiebung der Fokusebene (Bildstapelmethode = Image Stacking Method). Je nach Größe des eingebetteten Objektes beläuft sich diese Verschiebungsdistanz auf 2 bis 10 Mikrometer. Der aus unterschiedlichen Fokusebenen zusammengesetzte Bildstapel setzt sich in der Regel aus 10 bis 20 fotografischen Aufnahmen zusammen. Die Einzelbilder werden in weiterer Folge unter Zuhilfenahme spezieller Computersoftware (z. B. Picolay) zu einem Gesamtbild mit entsprechender Tiefeninformation zusammengefügt. Anschließend erfolgt entweder die Umwandlung in zwei stereoskopische Halbbilder, welche zu einem klassischen Stereogramm angeordnet werden, oder die Transformation in eine Rot-Grün-Anaglyphe.

In der Auflichtmikroskopie kann ebenfalls die Kipp- oder Rotationsmethode zur Anwendung gelangen, wobei für die Kippung der Probe eine spezielle Vorrichtung (z. B. schwenkbarer Tisch) zu verwenden ist. Gelangt für die Untersuchung der paläontologischen Objekte ein Stereomikroskop mit getrennten Lichtwegen für linkes und rechtes Auge zur Verwendung, gibt es eine weitere Möglichkeit der Erzeugung von 3D-Bildern. Dabei wird der fossile Überrest unter Zuhilfenahme einer speziellen Kameravorrichtung zunächst durch das linke Okular und danach durch das rechte Okular fotografiert. Die beiden aus diesem Vorgang resultierenden Halbbilder werden in gewohnter Weise zu einem Stereogramm oder einer Rot-Grün-Anaglyphe montiert und können abschließend einer entsprechenden Betrachtung unterzogen werden.

2.4 Stereoskopie in der Makro- und Normalfotografie

Auch bei jenen fotografischen Aufnahmeverfahren, welche sich der makroskopischen Welt annehmen, stellt die Herstellung von Raumbildern keine allzu schwere Aufgabe dar. Im Falle der Makrofotografie, die sich laut Kap. 1.3 mit fossilen Objekten der Millimeter- und unteren Zentimeterskala befasst, gelangt eine abgewandelte Form des in den vorangegangenen Abschnitten beschriebenen Rotationsverfahrens zur Anwendung (→ Abb. 6). Dabei wird das Untersuchungsobjekt mit Plastilin derart auf einer nichtreflektierenden Unterlage fixiert, dass die fotografisch abzubildende Fläche nach

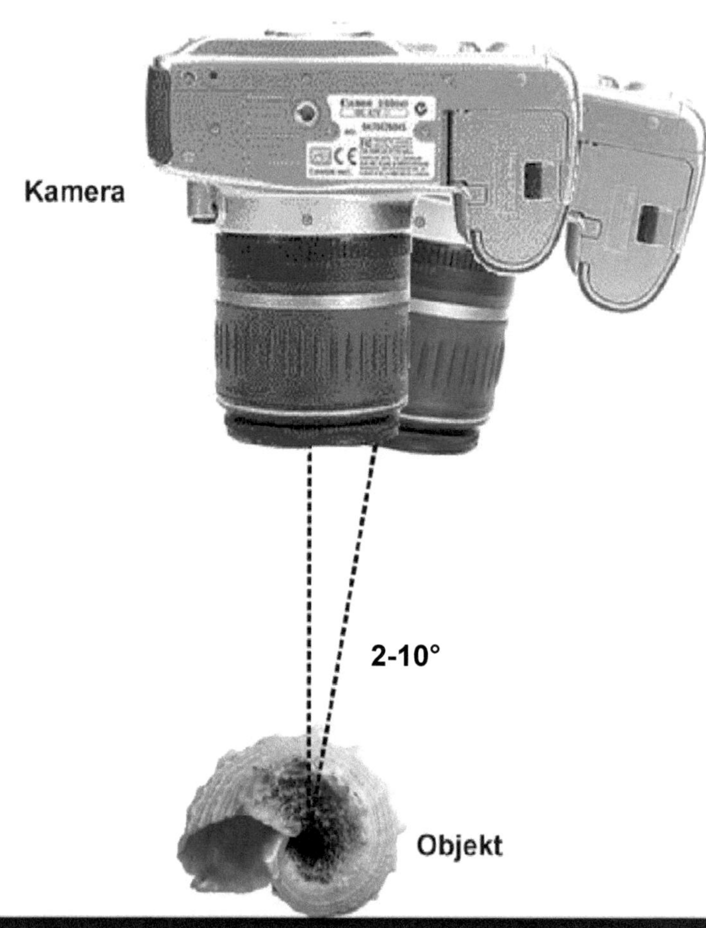

6

Herstellung von stereoskopischen Halbbildern mithilfe einer Makrokamera. Hier gelangt das Rotationsverfahren in abgewandelter Form zur Anwendung.

oben gerichtet ist. Die Makrokamera wird in einem Abstand von 20 bis 30 Zentimeter über dem Fossil positioniert, wobei hierfür eine spezielle Stativvorrichtung genutzt werden kann. Bei der Produktion des ersten stereoskopischen Halbbildes befindet sich das Aufnahmegerät senkrecht über dem Objekt, so dass dessen optische Achse in einem perfekten rechten Winkel zur Unterlage steht. Für die Herstellung des zweiten Halbbildes wird die optische Achse der Kamera einer Rotation von 2 bis 10° unterzogen, wobei die Gegenstandsweite (= Distanz Objekt–Kamera) konstant zu halten ist. Beide Aufnahmen sind natürlich bei einheitlicher Beleuchtung und unter Verwendung derselben Kameraeinstellungen durchzuführen. Die durch den Vorgang gewonnenen Halbbilder werden wiederum in gewohnter Art und Weise zu einem klassischen Stereogramm oder einer Rot-Grün-Anaglyphe montiert.

Die stereoskopische Fotografie großer Fossilien (z. B. Skelette von Dinosauriern) läuft nahezu identisch ab wie die soeben beschriebene Makrofotografie. Der erste Schritt besteht hier im Wesentlichen darin, jene geeignete Gegenstandsweite zu definieren, bei welcher sich ein optimaler stereoskopischer Effekt erzielen lässt. Befindet sich das Objekt zu nahe beim Betrachter, bleibt der 3D-Effekt in der Regel auf kleinere Frontpartien des Fossils beschränkt. Ist das Objekt hingegen zu weit vom Betrachter entfernt, geht die Stereopsis durch dessen stark reduzierte Bildgröße weitgehend verloren.

Demzufolge ist es wichtig, eine mittlere Distanz zwischen Gegenstand und Betrachter zu finden, bei der die oben geschilderten Nah- und Ferneffekte in überwiegendem Maß eliminiert werden können.

Nach Festlegung der fotografisch festzuhaltenden Objektseite erfolgt die Aufnahme des ersten stereoskopischen Halbbildes. Für das zweite Halbbild wird die Kamera unter Wahrung des Abstandes vom Objekt entlang eines virtuellen Kreisbogens verschoben, wobei sich der Verschiebungswinkel analog zur Makrofotografie auf 2 bis 10° beläuft.[9] Auch hier gilt natürlich wieder die Regel, dass zwischen den beiden Aufnahmen keine Veränderungen in Bezug auf Kameraeinstellungen und Objektbeleuchtung durchgeführt werden dürfen. Jene durch die Normalfotografie des Objektes erhaltenen stereoskopischen Halbbilder werden wiederum in gewohnter Art und Weise zu einem klassischen Stereogramm zusammengefügt oder zu einer Rot-Grün-Anaglyphe überlagert.

---

[9] Für eine möglichst exakte Ausmessung dieses Winkels wird ein virtueller Kreis mit dem Radius r um das Objekt gezeichnet. Die zwischen den beiden fotografischen Positionen befindliche Distanz x berechnet sich in weiterer Folge nach der einfachen Formel $x = (\alpha/180°)\cdot\pi\cdot r$, wobei α den Verschiebungswinkel bezeichnet. Nimmt man beispielsweise einen Kreisradius von 10 Metern und einen Verschiebungswinkel von 5° an, so beläuft sich die Verschiebungsdistanz x laut obiger Formel auf 0,87 Meter, was in etwa einem großen Seitenschritt entspricht.

2.5 Betrachtung von stereoskopischem Bildmaterial

Die Betrachtung stereoskopischer Fotografien (Stereogramme oder Anaglyphen) erfolgt in der Regel unter Zuhilfenahme optischer Hilfsmittel (→ Abb. 7). Im Falle des klassischen Stereogramms mit nebeneinander positionierten Halbbildern finden für gewöhnlich das Stereoskop und die Stereobrille ihre umfangreiche Verwendung. Beim Stereoskop, welches erstmalig in der Mitte des 19. Jahrhunderts auftrat, können zwei verschiedene Bauarten unterschieden werden. Das sogenannte Spiegelstereoskop zeichnet sich dadurch aus, dass die von zwei korrespondierenden Bildpunkten (P_l und P_r) ausgehenden Lichtstrahlen an einem kleinen Spiegel, welcher zwischen Betrachter und Stereogramm senkrecht zur Bildebene positioniert ist, reflektiert werden und dadurch in die durch eine leichte Konvergenzstellung charakterisierten Augen eindringen. Dort treffen sie an geringfügig unterschiedlichen Stellen auf der Netzhaut auf, wodurch letztendlich die Voraussetzung für das räumliche Sehen erfüllt ist.

Ähnlich wie das Spiegelstereoskop unterstützt auch das etwas modernere Prismenstereoskop den sogenannten Parallelblick, bei dem das linke Auge das linke Halbbild und das rechte Auge das rechte Halbbild erblickt. Im Gegensatz zu einem Spiegel gelangen hier jedoch zwei im Gegensinn angeordnete Fresnel-Prismen zur Verwendung, an den die von den korrespondierenden Bild-

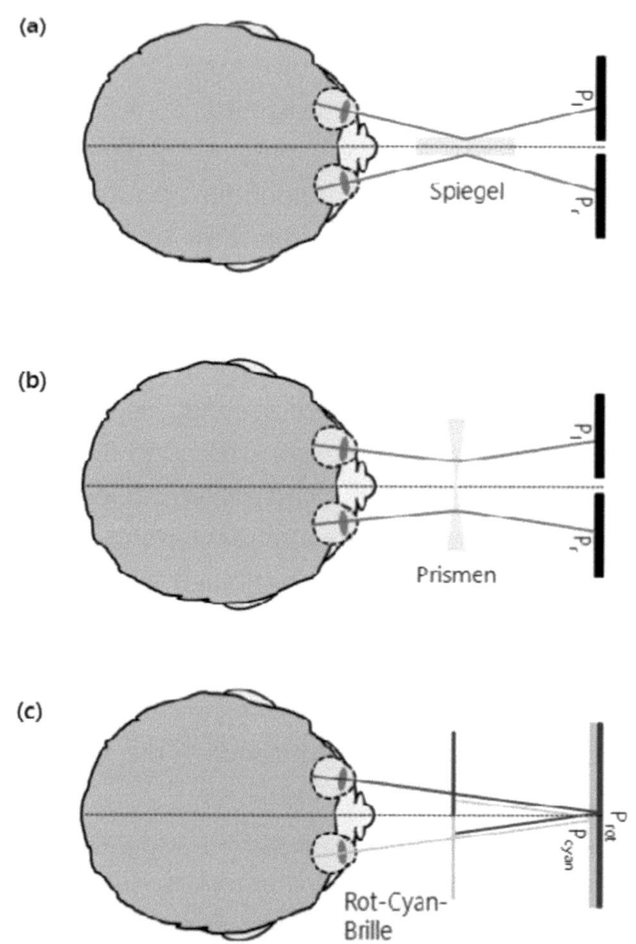

7

Betrachtung von stereoskopischen Bildern mit verschiedenen Hilfsmitteln: (a) Spiegelstereoskop, (b) Prismenstereoskop, (c) Rot-Cyan-Brille.

punkten stammenden Lichtstrahlen eine mehrfache Brechung[10] erfahren und dadurch wiederum in die leicht konvergent gestellten Augen einzudringen vermögen. Der große Vorteil des Prismen- gegenüber dem Spiegelstereoskop besteht darin, dass das erstgenannte optische Gerät wesentlich kleiner und handlicher gebaut werden kann. Die eingangs erwähnte Stereobrille basiert ebenfalls auf der Prismentechnik.

Für die Betrachtung von Rot-Grün-Anaglyphen ist die auf der Farbfiltertechnik basierende Rot-Grün-Brille unerlässlich. Die Trennung zwischen rotem und grünem Halbbild wird hier ganz einfach dadurch erzeugt, dass der korrespondierende rote Bildpunkt nur durch das rote Farbfilter auf der linken Seite, der korrespondierende grüne Bildpunkt hingegen lediglich durch das grüne Filter auf der rechten Seite erblickt werden kann. Die beiden Bildpunkte werden auf verschiedene Positionen der Netzhaut projiziert, wodurch es schlussendlich zur Einleitung jenes in Kap. 2.1 im Detail beschriebenen Bildfusionsprozesses kommt. Rot-Grün-Brillen sind heute in zahlreichen Versionen (Plastik, Papier) erhältlich, können aber auch ganz einfach selbst hergestellt werden. Dazu ist lediglich die Anschaffung optischer Filterfolien notwendig, welche unter anderem in Fotofachgeschäften erhältlich sind.

---

[10] Beim Eindringen der Lichtstrahlen in die Prismen tritt eine Brechung zum Lot, beim Austreten aus den Prismen hingegen eine Brechung vom Lot auf.

Bei klassischen Stereogrammen mit linkem und rechtem Halbbild können anstatt der oben erwähnten optischen Hilfsmittel auch sogenannte autostereoskopische Blicktechniken für die Bildbetrachtung herangezogen werden. Hierbei kann der sogenannte Kreuzblick vom Parallelblick unterschieden werden (→ Abb. 8). Beim Kreuzblick wird mithilfe eines zwischen Bildpaar und Augen befindlichen Fokuspunktes eine verstärkte Schielstellung der optischen Sinnesorgane herbeigeführt. Dadurch wird das linke Auge auf das rechte Halbbild, das rechte Auge jedoch auf das linke Halbbild gelenkt. Als Resultat entsteht zwischen den beiden Halbbildern ein geringfügig verkleinertes Mittelbild, welches die räumliche Information des fotografierten Objektes enthält.

Der Parallelblick zeichnet sich dadurch aus, dass unter Zuhilfenahme einer zwischen den optischen Achsen der beiden Augen platzierten Trennwand eine parallele bis leicht divergente Stellung[11] der optischen Sinnesorgane hervorgerufen wird. Dies hat freilich zur Folge, dass das linke Auge auf das linke Halbbild, das rechte Auge hingegen auf das rechte Halbbild ausgerichtet wird. Die getrennte optische Wahrnehmung der Halbbilder führt wiederum zur Entstehung eines räumlichen Mittelbildes mit der gewünschten dreidimensionalen Information des fotografierten Objektes.

---

[11] Die natürliche Augenstellung ist leicht konvergent, so dass die Herbeiführung dieses Zustandes auch unter Verwendung von Hilfsmitteln einiges an Übung verlangt.

8

Kreuzblick

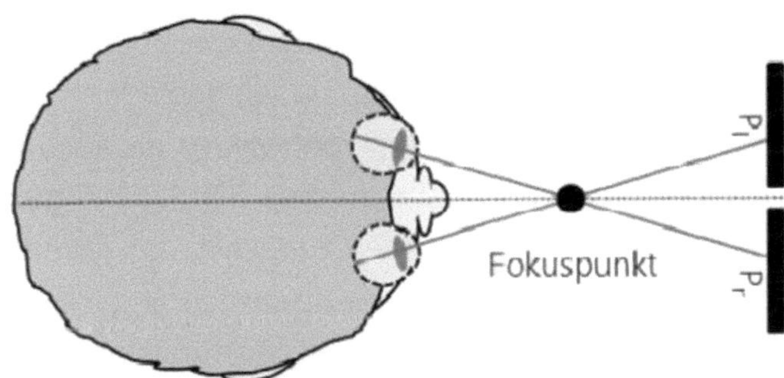

Parallelblick

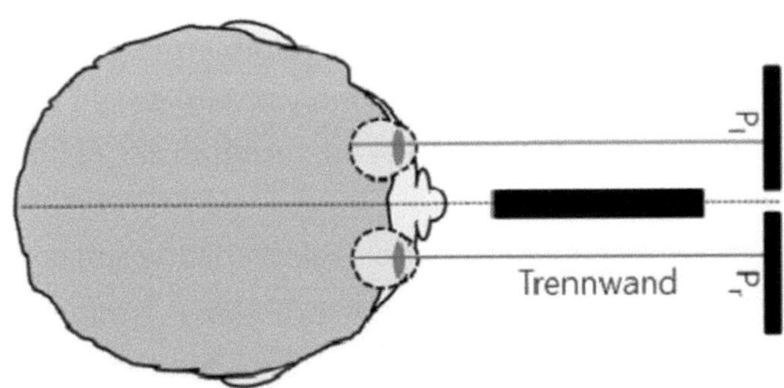

Autostereoskopische Blicktechniken zur Betrachtung von Stereobildern ohne optische Hilfsmittel.

3 Bildbeispiele

3.1 Einige Bemerkungen zu Beginn

Nach der ausführlichen Beschreibung des stereoskopischen Verfahrens zur Erzeugung von Raumbildern sollen in diesem Kapitel einige Bildbeispiele vorgestellt werden, wobei sowohl Mikro- als auch Makrofossilien zur Darstellung mittels 3D-Bildern gelangen. Das Augenmerk wird hier zunächst auf jene fossilen Überreste gelenkt, welche aufgrund ihrer geringen Größe einer Untersuchung mit dem Rasterelektronenmikroskop bedürfen. Danach wird auf die mit dem Lichtmikroskop dokumentierbaren paläontologischen Objekte eingegangen. Das Kapitel setzt sich in weiterer Folge mit jenen Fossilien auseinander, deren bildliche Erfassung unter Zuhilfenahme der Makrofotografie erfolgt. Abschließend soll noch ein dreidimensionaler Blick auf fossile Großobjekte geworfen werden, welche mit einer Kamera mit Normalobjektiv fotografisch festgehalten werden können.

Bei der Generierung der einzelnen Bildbeispiele gelangte das im vorigen Kapitel beschriebene Anaglyphenverfahren zur Anwendung, bei dem zwei mit den Farben Rot und Grün (Cyan) codierte Halbbilder eine systematische Überlagerung erfahren. Zur Initiierung eines effektiven Bildverschmelzungsprozesses im Gehirn ist demzufolge eine Rot-Grün(Cyan)-Brille zu verwenden, mit deren Hilfe eine getrennte Rezeption der Halbbilder durch das linke und das rechte Auge ermöglicht wird. Die Rot-Grün-Anaglyphe besitzt im gegebenen Fall den großen Vorteil, dass eine längere durchgehende Bildbetrachtung ohne signifikante Ermüdung der optischen Sinnesorgane gestattet wird. Darüber hinaus besteht die Möglichkeit der genaueren Inspektion oberflächlicher beziehungsweise struktureller Details mit einem Vergrößerungsglas, ohne dass hierbei Einbußen des dreidimensionalen Effektes zu befürchten sind.

3.2 Bildbeispiele aus der Elektronenmikroskopie (→ R1 — R10)

Wenn man sich zunächst in den Bereich der Mikropaläontologie begibt, trifft man auf zahlreiche Fossilien der Mikrometerskala, deren oberflächliche Strukturierungen am besten im Rasterelektronenmikroskop erforscht werden können. Dies gilt beispielsweise für den Carapax der Ostracodenspezies *Cythereis dallasensis* (R1), dessen strukturelle Komponenten sich mithilfe des stereoskopischen Raumbildes besonders spektakulär herausarbeiten lassen. Ähnliches gilt für das Gehäuse der Foraminiferenart *Elphidium crispum* (R2), welches durch seine Spiralform einerseits und seine zahlreichen, als Austrittstellen für die Pseudopodien dienenden Poren andererseits hervortritt. Unter den Nannofossilien ist unter anderem auf *Discoaster surculus*

(R3) mit seinen sechsstrahligen Coccolithen hinzuweisen. Diese im Normalbild eher unspektakulär wirkenden fossilen Überreste lassen im stereoskopischen Raumbild eine reiche Strukturierung erkennen, deren genaue bildliche Darstellung zur Klärung bestimmter wissenschaftlicher Fragen herangezogen werden kann. Ähnliches gilt auch für die Coccosphäre der Spezies *Emiliania huxleyi* (R4), die sich aus ovalen Coccolithen mit zentraler Öffnung und radial verlaufenden, rillenartigen Durchbrechungen zusammensetzt. Wenn man einen näheren Blick in das große Reich der Radiolarien wirft, wird man mit einer großen Vielfalt an Formen und Strukturen konfrontiert, welche mithilfe des 3D-Bildes einer sehr augenscheinlichen Darstellung zugeführt werden können. Als entsprechende Bildbeispiele sollen hier die fossilen Überreste der Spezies *Stylosphaera* sp. (R5), *Hiastriatum quaternarium* (R6) und *Actinomma antarctica* (R7) zur Präsentation gelangen. All diese Formen zeichnen sich durch große geometrische Regelmäßigkeit und ihren hohen Grad an Porosität aus, welche den in den Schalen lebenden Einzellern eine Kommunikation mit der Außenwelt erlaubt. Unter den planktonisch lebenden Foraminiferen soll die Spezies *Subbotina triloculinoides* (R8) anhand eines Raumbildes gezeigt werden, da hier ein besserer Eindruck vom Volumen der einzelnen Auftriebskörper vermittelt werden kann. Unter den Conodonten erweisen sich jene Formen mit basaler Plattform und darauf platzierter Zahnreihe als besonders spektakulär. Dieser Umstand lässt sich recht gut anhand der Art *Apsidognathus tuberculatus* (R9) demonstrieren. Zuletzt soll noch ein kurzer dreidimensionaler Blick auf die Diatomeen geworfen werden, welche ähnlich wie die Radiolarien über eine perfekte Gehäusestruktur mit regelmäßig angeordneten Poren verfügen. Dies wird am Beispiel der Spezies *Coccoleis molesta* var. *cruzifera* (R10) deutlich.

3.3 Bildbeispiele aus der Lichtmikroskopie (→ L1 – L10)

Auch bei jenen Kleinstfossilien, welche in der Regel unter dem Lichtmikroskop untersucht werden, erweist sich die Stereofotografie oftmals als sehr nützliche Methode. Dieser Umstand lässt sich beispielsweise anhand des in Japan anzutreffenden Foraminiferensandes belegen, in dem in hoher Zahl sternförmige Schalen der Einzeller (*Baclogypsina* sp.) angetroffen werden können (L1). Im 3D-Bild werden hier die Verzahnungen der einzelnen Gehäuse, welche dem Sand seine besondere Konsistenz verleihen, deutlich. Unter dem Durchlichtmikroskop geben Foraminiferen ebenfalls ein beeindruckendes Bild ab, wie am Beispiel der noch rezent anzutreffenden Form *Ammonia beccarii* (L2) demonstriert werden kann. Trotzdem diese Objekte zum Teil nur über eine beschränkte Tiefeninformation verfügen, eignen sie sich dennoch für die dreidimensionale Darstellung, da dadurch einzelne strukturelle Elemente eine stärkere Akzentuierung erhalten. Als Paradeobjekte der stereoskopischen Fotografie gelten zweifelsohne globuläre und vasenförmige Radiolarien mit ihren stachelartigen Fortsätzen (L3, L4), deren räumliche Orientierung aus dem zweidimensionalen Bild nicht ersichtlich wird, jedoch im 3D-Bild ihre klare Darstellung findet.

Eine Sonderstellung in der Durchlichtmikroskopie besitzen die hinsichtlich ihrer Formenvielfalt kaum zu übertreffenden Diatomeen, bei denen es sich um einzellige Organismen mit einer Schale aus Kieselsäure handelt. Das Gehäuse ist schachtelartig konzipiert und besteht demzufolge aus einem Unterteil (Hypotheka) und einem Deckelteil (Epitheka). Anhand von sechs Bildbeispielen (L5 — L10) lässt sich sehr klar demonstrieren, dass durch die stereoskopische Abbildung dieser Schalen zahlreiche Oberflächenstrukturen zutagetreten, welche im normalen mikroskopischen Bild unerkannt bleiben. Zudem wird ein guter Eindruck von der hohen Symmetrie der Gehäuse vermittelt.

3.4 Bildbeispiele aus der Makrofotografie (→ M1 — M20)

Den Fossilien der Millimeter- und Zentimeterskala wird in der Paläontologie ohne Zweifel eine besondere Rolle zuteil, da diese an zahlreichen Fundorten angetroffen und aufgesammelt werden können. Darüber hinaus eignet sich diese Gruppe von Überresten mit am besten für die stereoskopische Darstellung, weil die gezielte Analyse oberflächlicher Strukturen oftmals in die Artbestimmung miteinfließt. Als fossile Überreste, welche in sehr unterschiedlichen Größen auftreten, gelten die aus dem Paläozoikum stammenden Trilobiten, welche hier am Beispiel der Gattungen *Redlichia* (M1) und *Phacops* (M2) ihre Abbildung finden. Besonders deutlich tritt im 3D-Bild die aus drei nebeneinander angeordneten Partien (Lappen) bestehende Organisation des Körpers hervor. Bei fossilen Schnecken (M3 — M11) verfolgt die stereoskopische Fotografie den primären Zweck einer Herausarbeitung jener mit der speziellen Gehäuseform verbundenen Tiefeninformation. So verfügt die Turmschnecke (*Turritella*) über eine geringere Tiefenausdehnung als Kammschnecke (*Murex*), Kegelschnecke (*Conus*) oder Wurmschnecke (*Vermetus*). Aus dem 3D-Bild lassen sich auch wichtige Informationen in Bezug auf Mündungsform und -tiefe entnehmen. Letztlich führt die durch das Raumbild hervorgerufene erhöhte Plastizität der Gehäuseoberfläche dazu, dass einzelne aus Knoten, Rippen und Furchen zusammengesetzte Strukturen in ein deutlicheres Licht rücken und für allerlei morphologische Analysen genutzt werden können.

Jene Vorteile, welche die stereoskopische Fotografie für Trilobiten und fossile Schnecken bereithält, lassen sich ohne wesentliche Abstriche auch für Ammoniten bekunden. Dieser Sachverhalt wird anhand einiger ausgewählter Bildbeispiele demonstriert (M12 — M20). Die hier abgebildeten Kleinammoniten zeichnen sich durch sehr individuelle Gehäusestrukturierungen (Nabel, Knoten, Rippen, Lobenlinien etc.) aus, welche im Raumbild ihre deutliche Betonung erfahren. Auch hier kann die mit den einzelnen Schalen assoziierte Tiefenausdehnung geeignet dargestellt und im Bedarfsfall sogar ausgemessen werden.

3.5 Bildbeispiele aus der Normalfotografie (→ N1 – N10)

Zuletzt sei noch ein kurzer Blick auf die dreidimensionale Abbildung größerer Fossilien geworfen. Hier bieten sich große fossile Muscheln wie Austern (N1), Kammmuscheln (N2) oder Steckmuscheln (N3) ebenso an wie größere Trilobiten (N4) oder über 10 Zentimeter lange Haifischzähne (N5), welche vom urzeitlichen *Megalodon* stammen. In all diesen Fällen enthält das Raumbild wiederum wertvolle Tiefeninformation, die für vielerlei Fragestellungen ihre Verwendung finden kann.

Steigert man die Größenordnung der Fossilien nochmals, gelangt man zu Skeletten von Fischen (N6) und Amphibien (N7), bei denen das stereoskopische Bild detaillierte morphologische Informationen (z. B. Form und Anordnung der skelettalen Elemente) zu liefern vermag. Dies gilt auch für die Skelette der größten Fossilien (N8 – N10), wo man erst mithilfe des Raumbildes einen Eindruck von den Dimensionen dieser einst den Erdball beherrschenden Tiere erhält.

0   0,3 mm

R2
0
0,5 mm
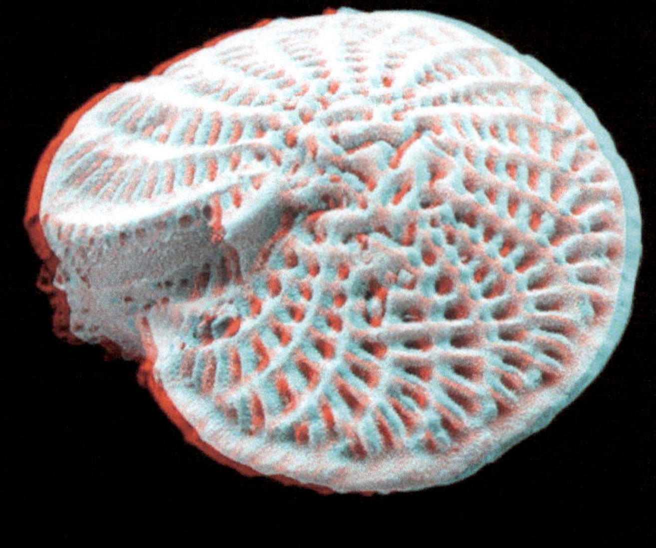

R3
0
0,005 mm

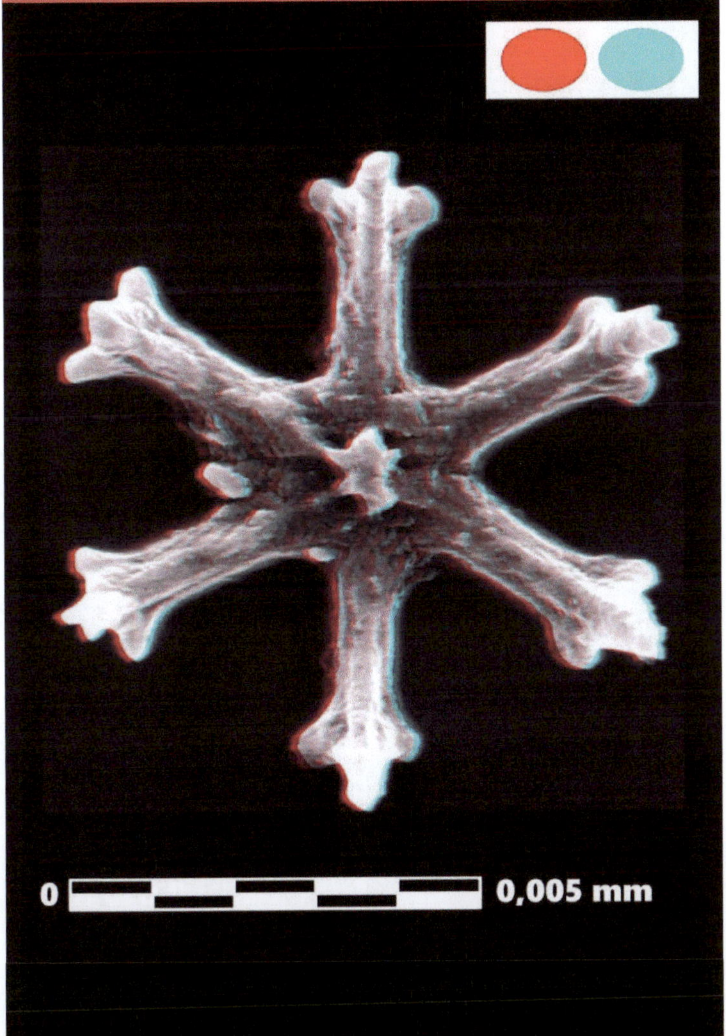

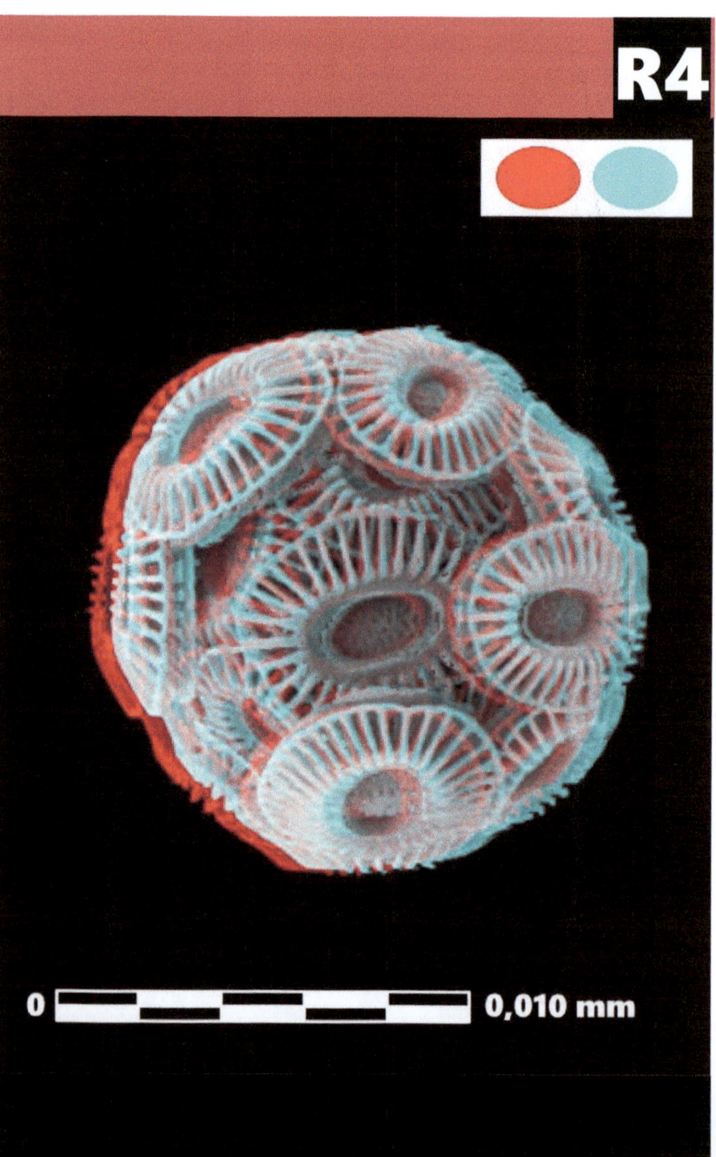

R4
0
0,010 mm

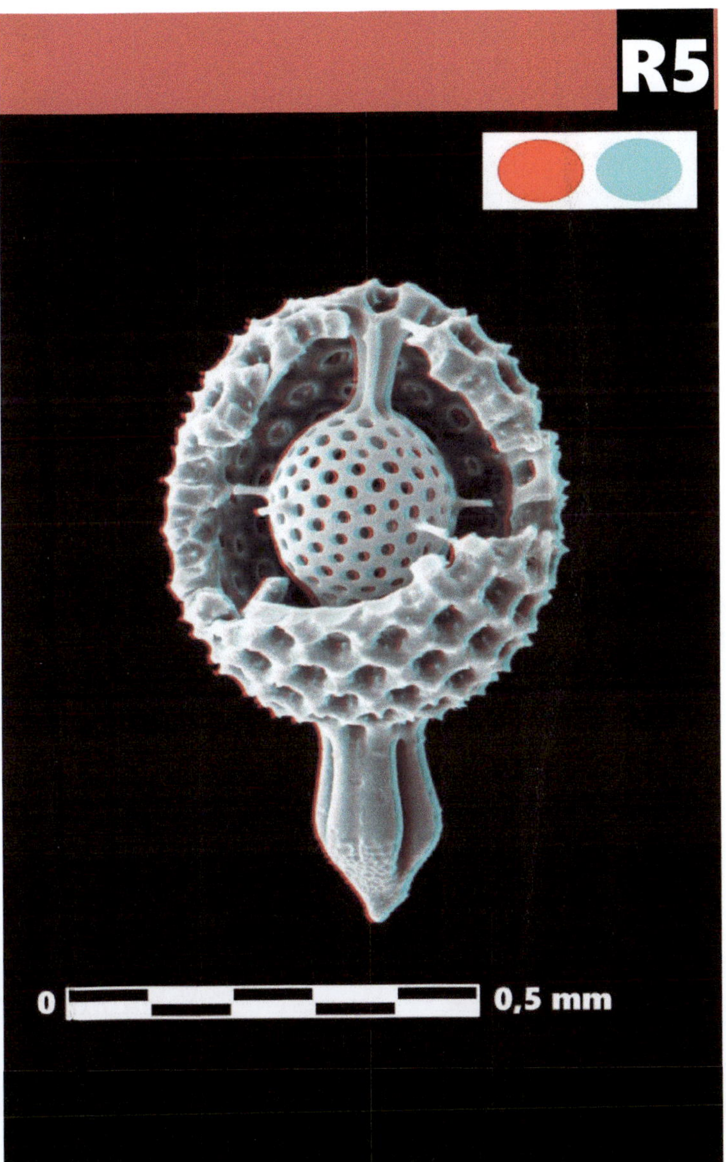

0
0,5 mm

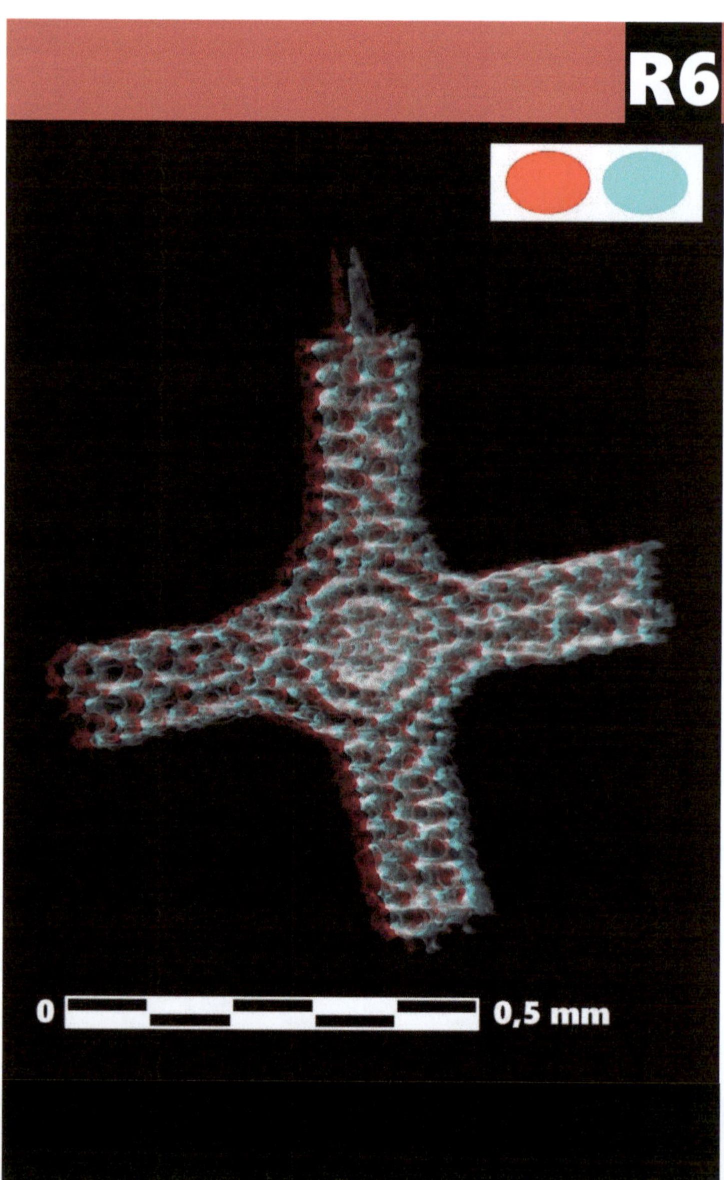

R6
0   0,5 mm

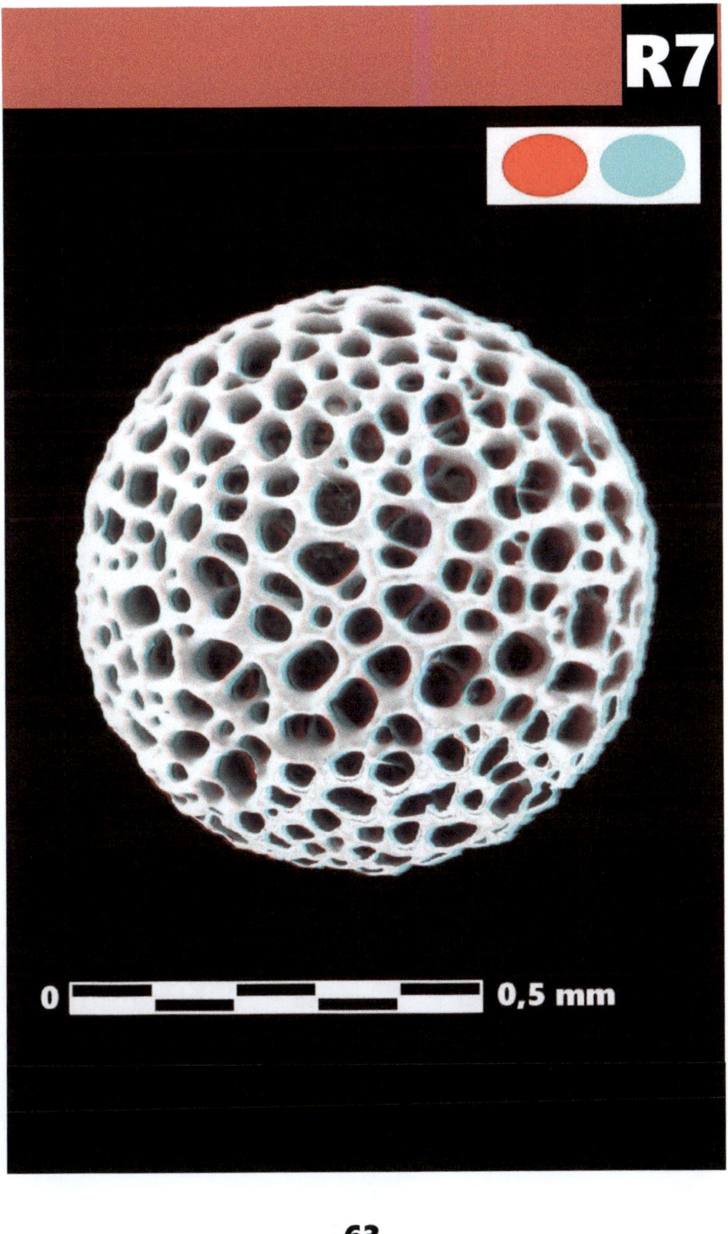

0
0,5 mm

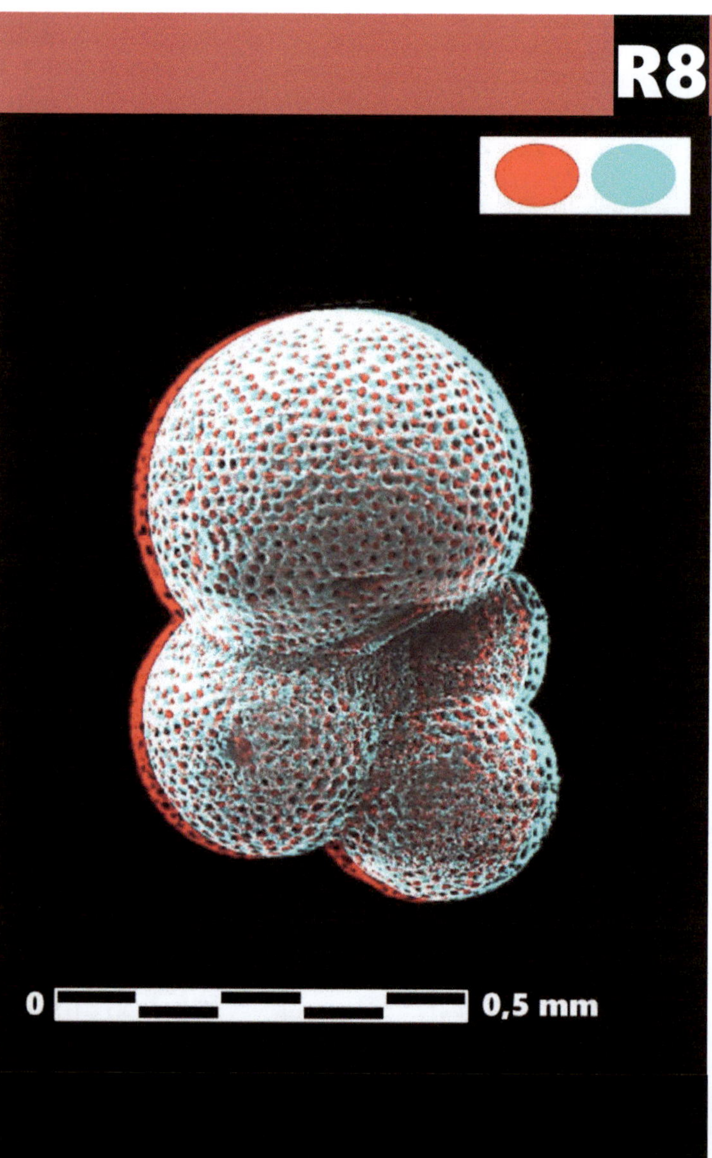
R8
0
0,5 mm

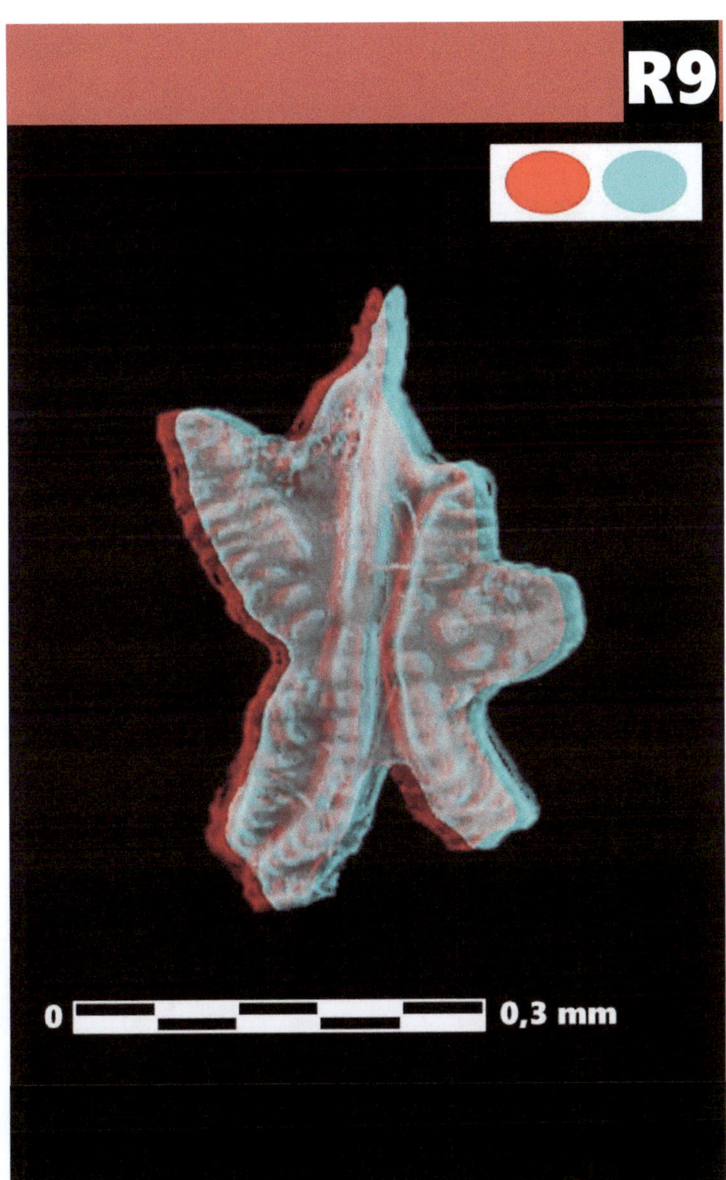

0 0,3 mm

R10 
0
0,3 mm

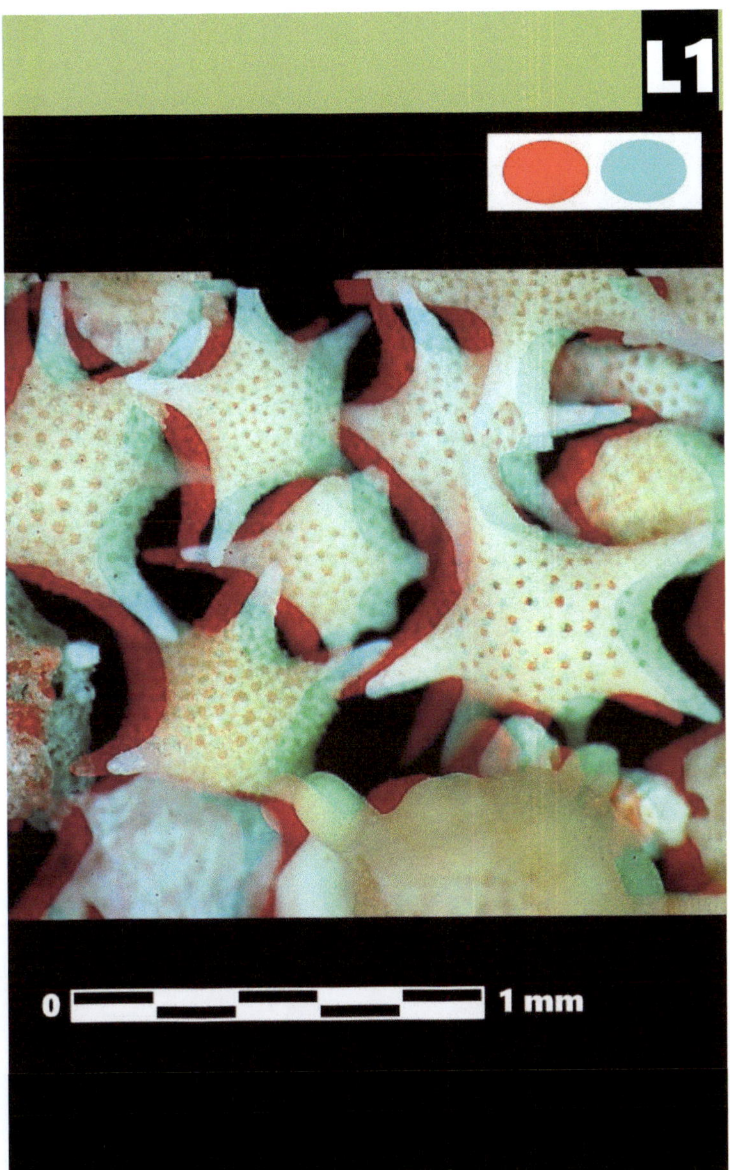

0
1 mm

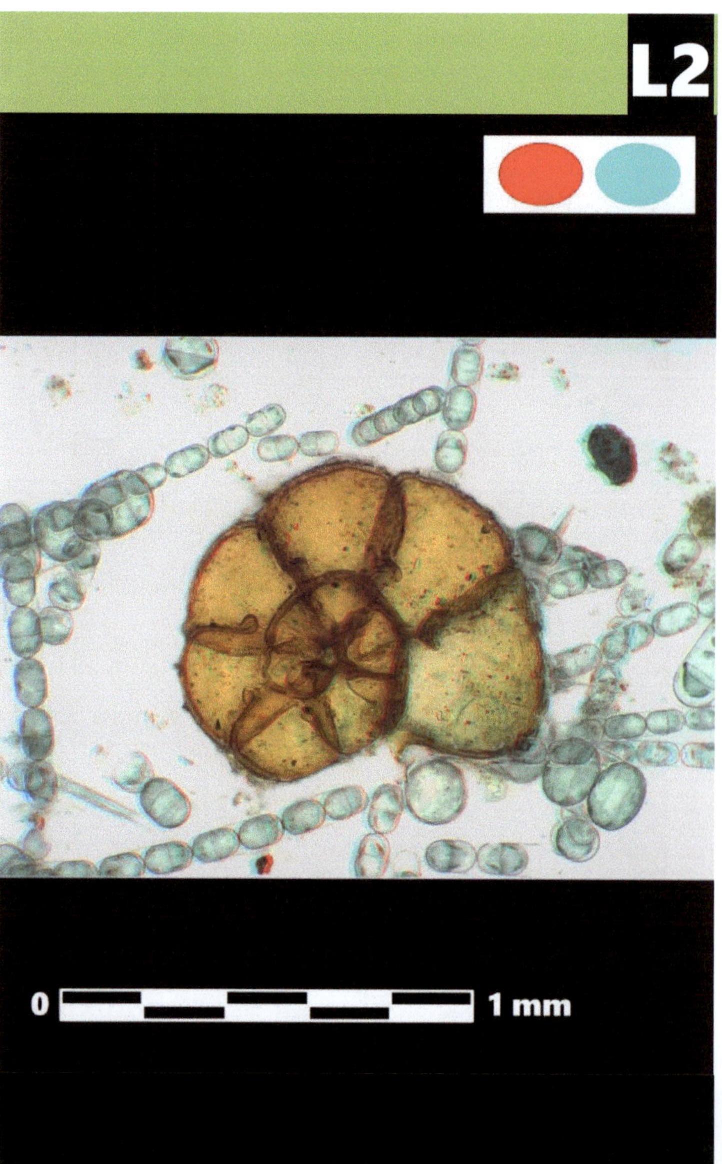
0
1 mm

69

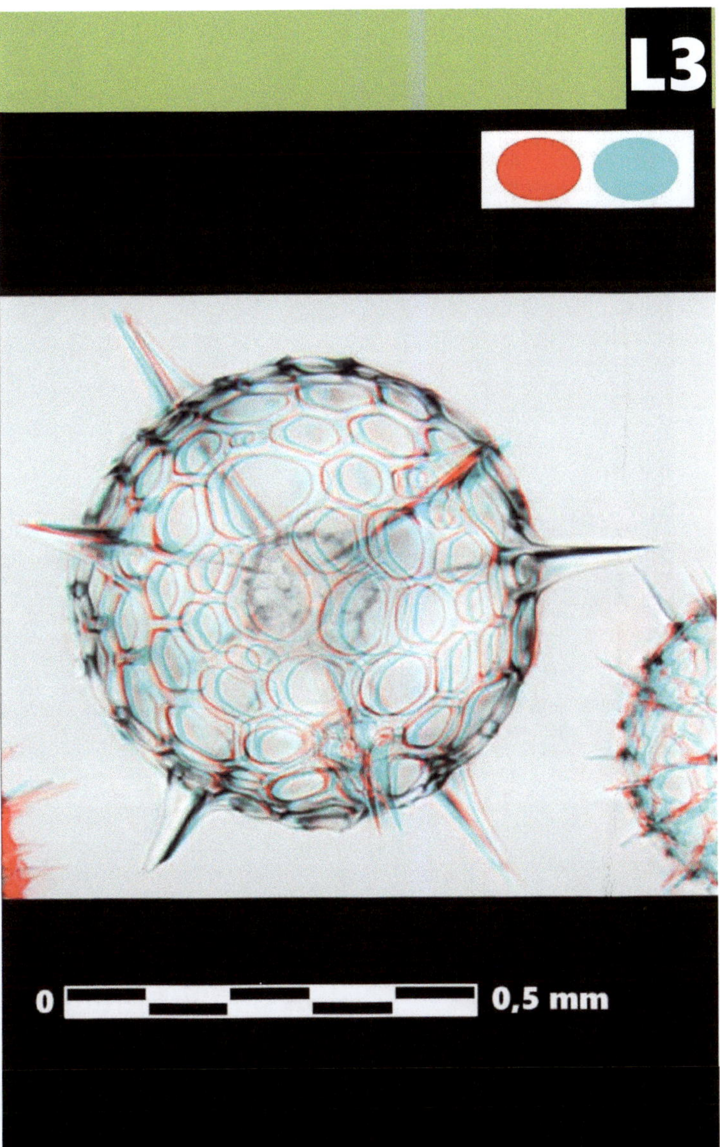

L4
0
0,3 mm

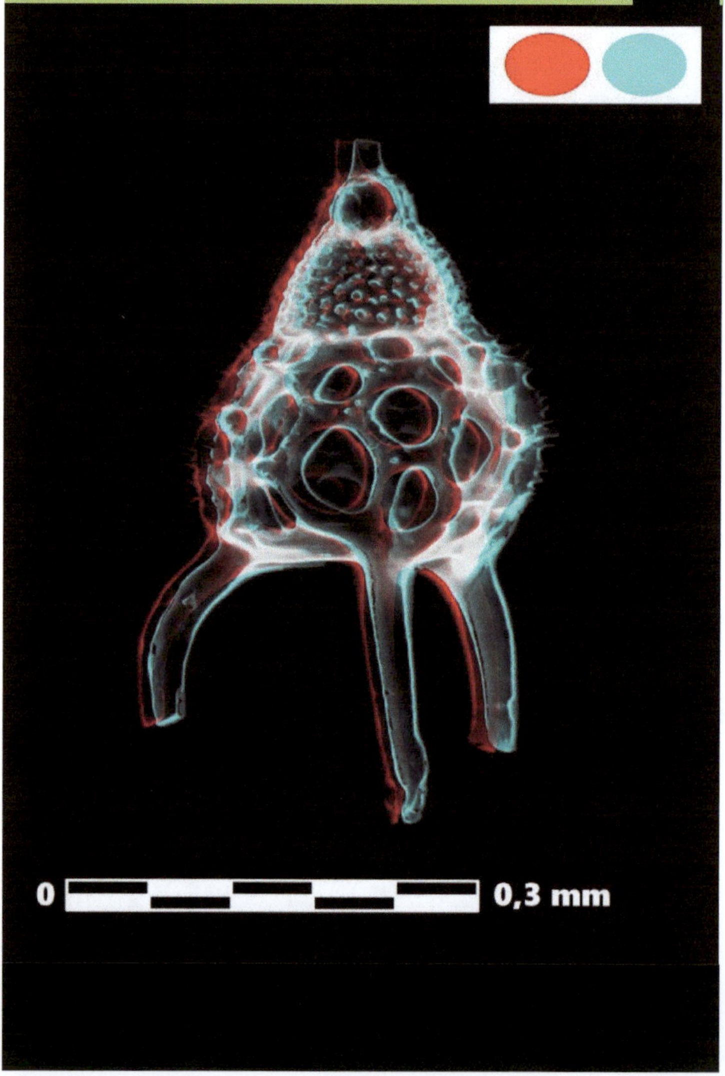

L5
0
0,2 mm

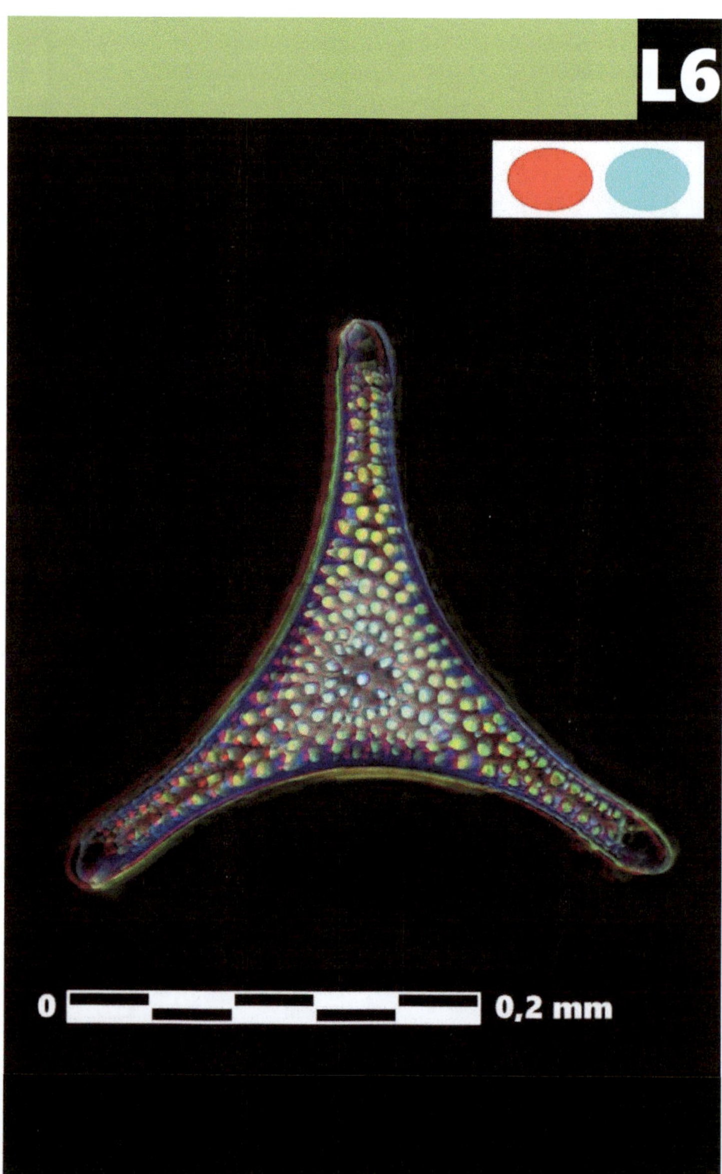

0
0,2 mm

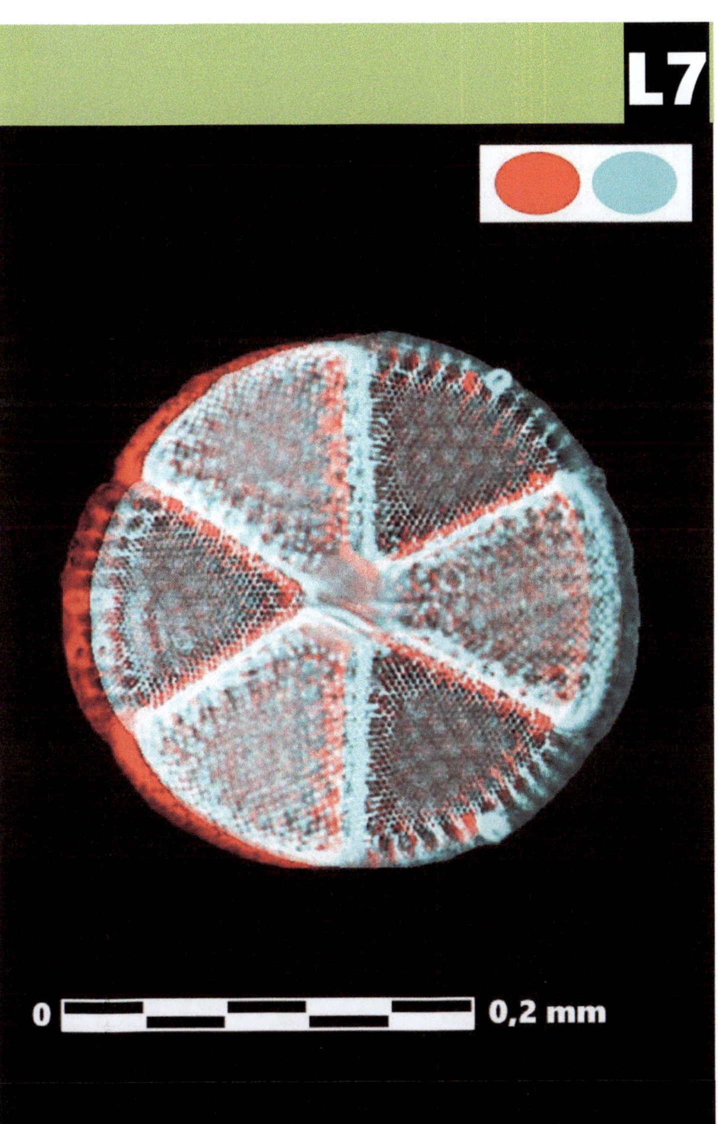
73
0
0,2 mm

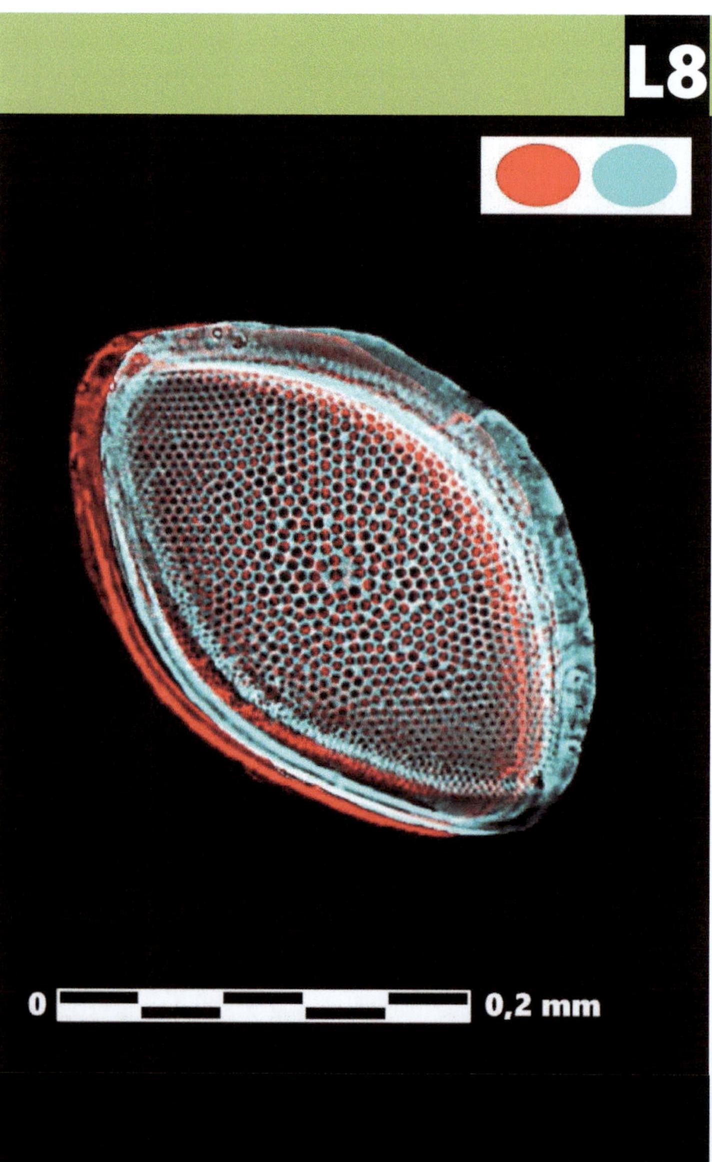

L8
74
0
0,2 mm

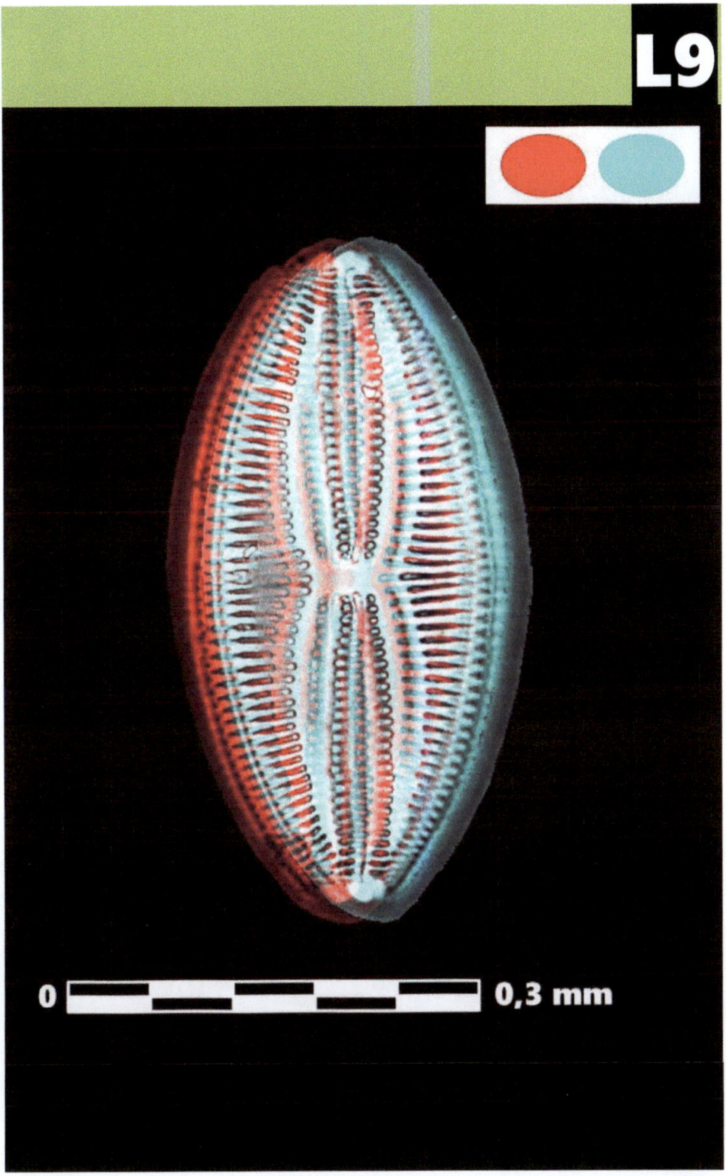

0
0,3 mm

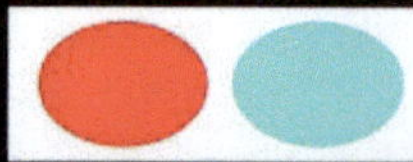
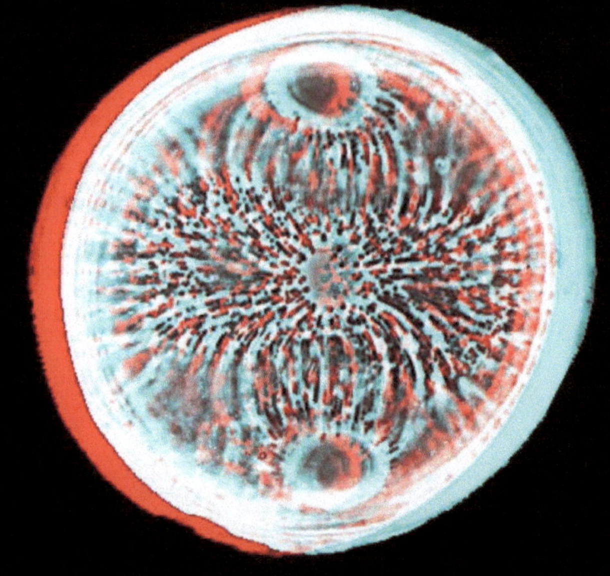
L10
0
0,2 mm

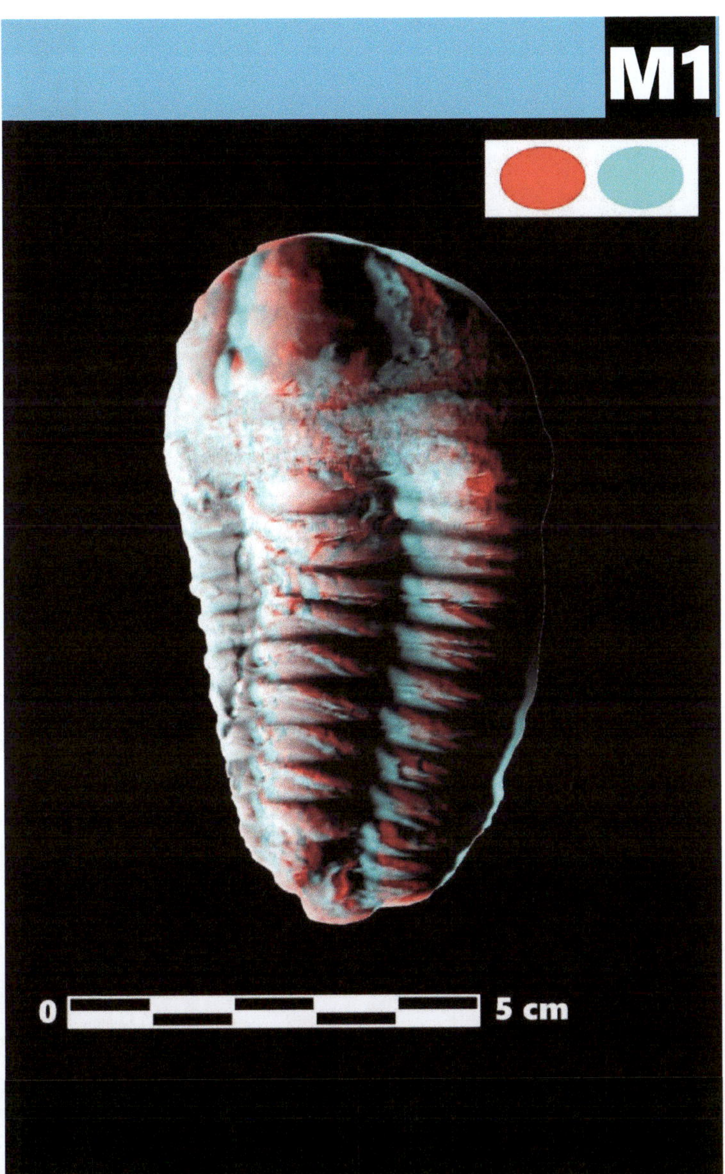
0
5 cm

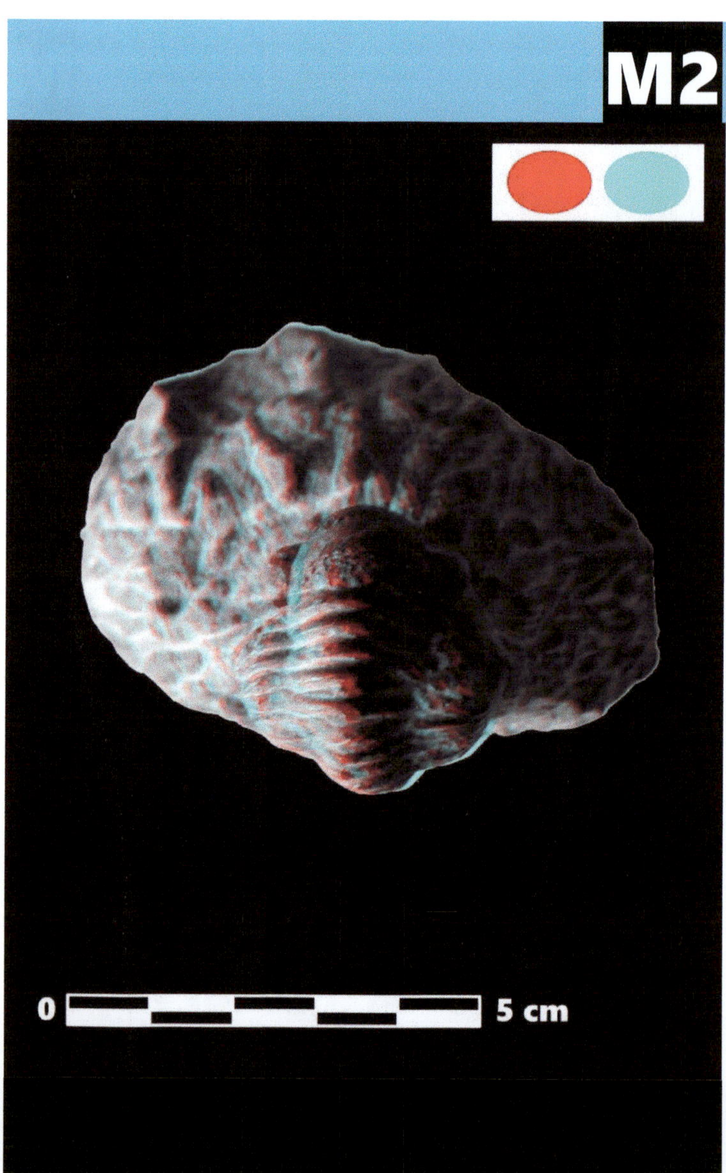

0
5 cm

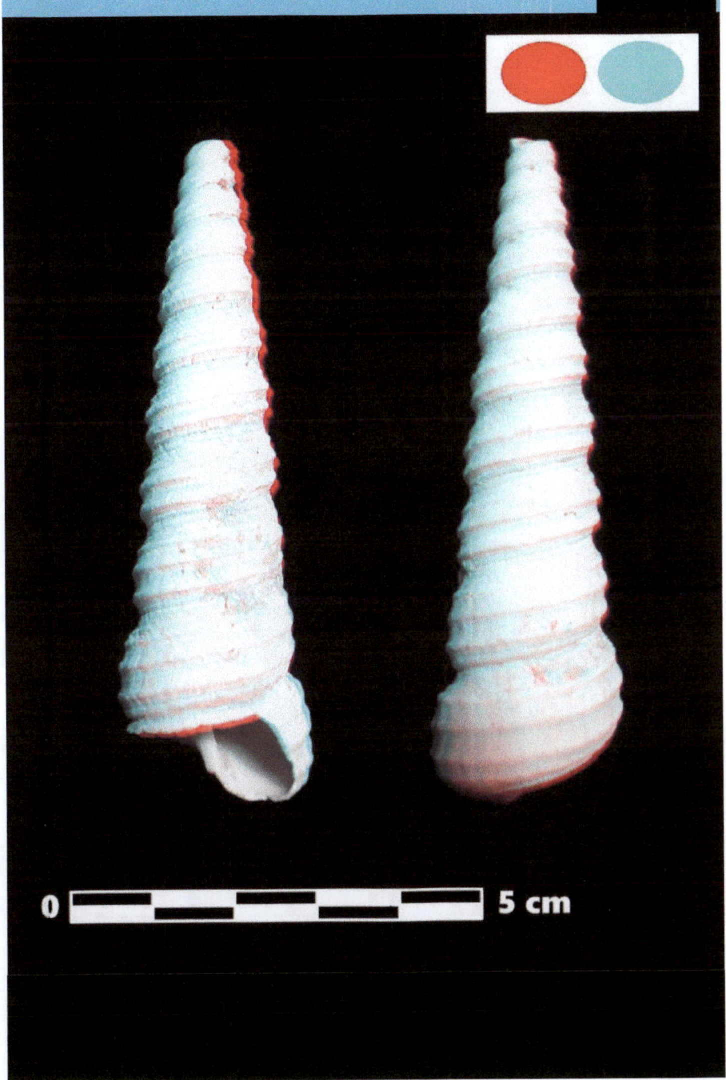

M3
0
5 cm

M4
0
5 cm

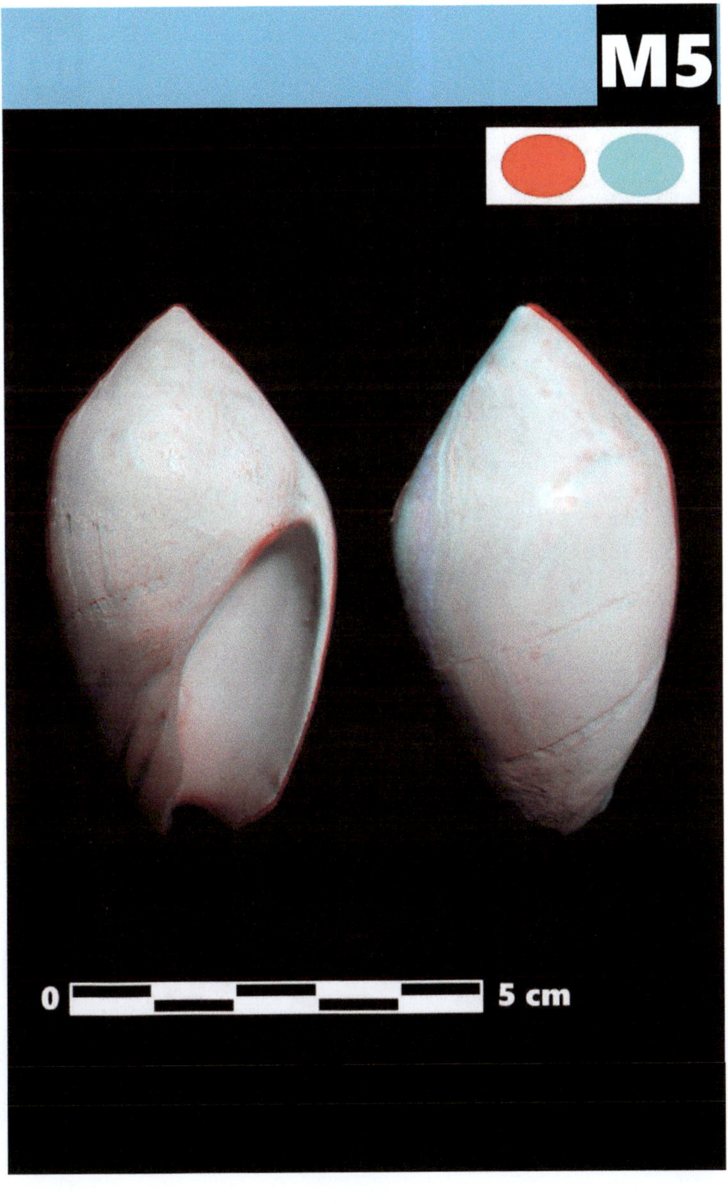

M5

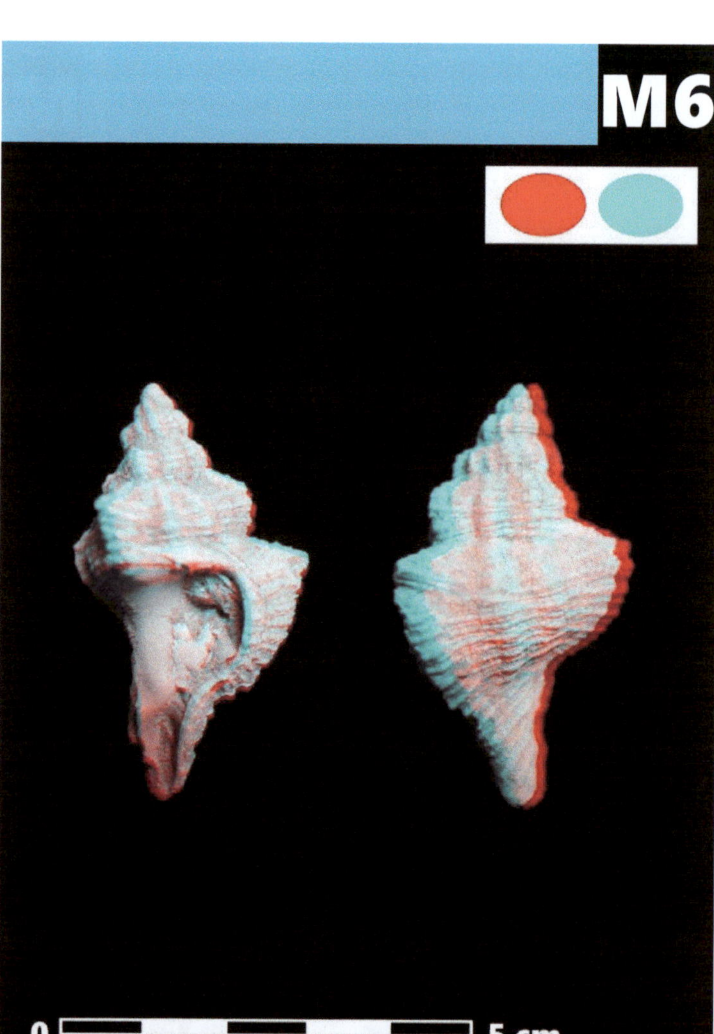

M6
0
5 cm

83
0
5 cm

0
5 cm

0
5 cm

M11
0
5 cm

0
5 cm

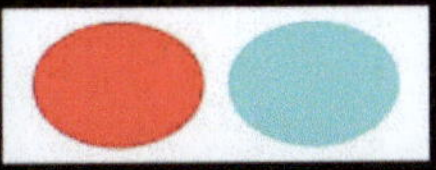

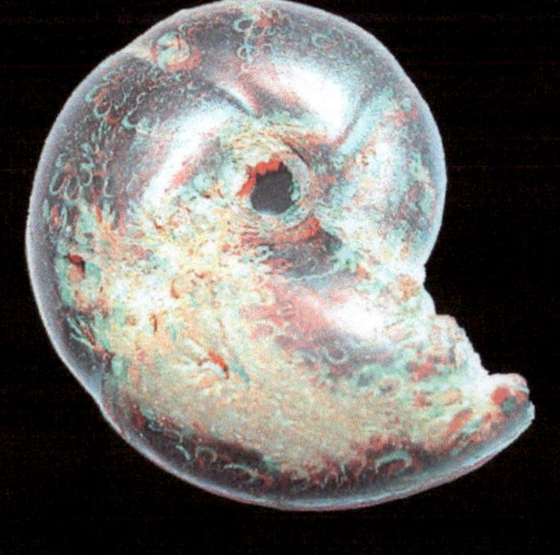

0
5 cm

M15
0
5 cm

0
5 cm

M17
0
5 cm

M18
0
5 cm

0
5 cm

0
5 cm

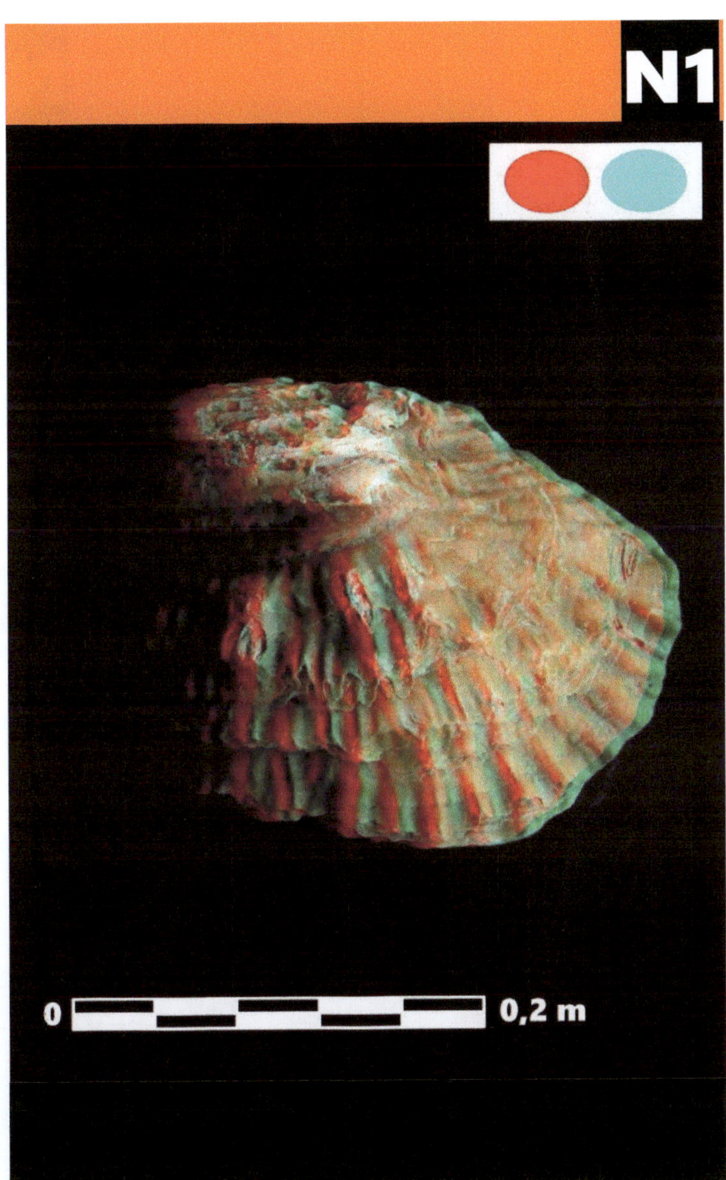

0
0,2 m

0
0,3 m

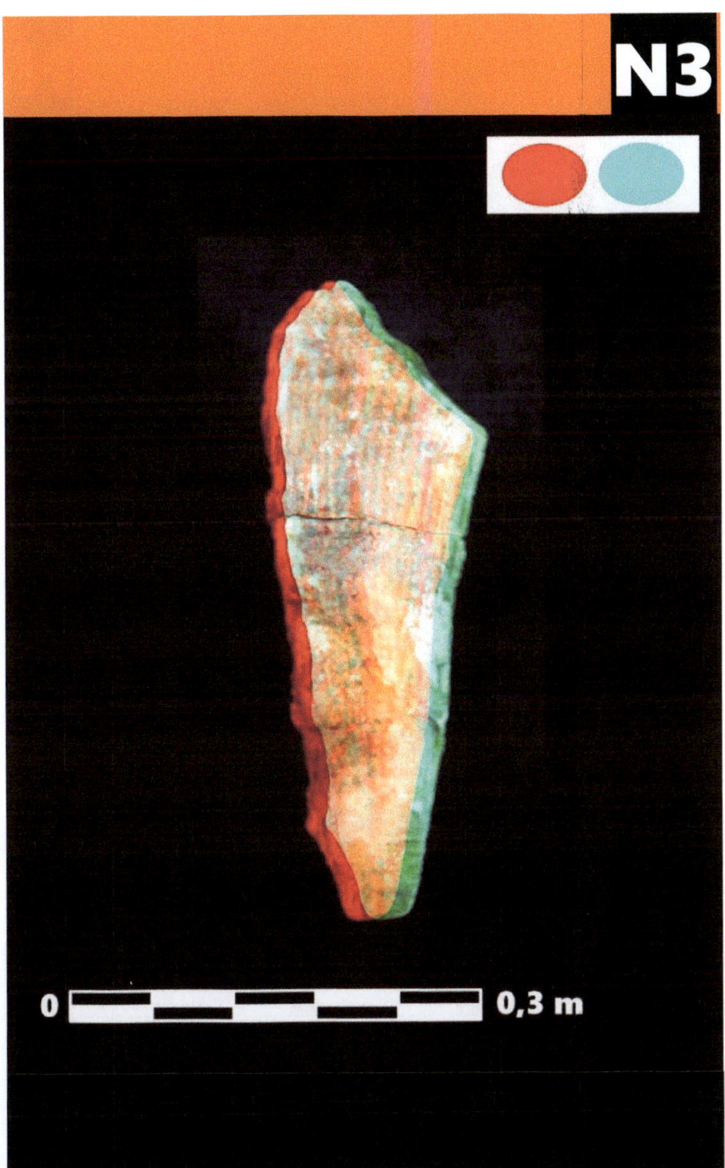

0
0,3 m

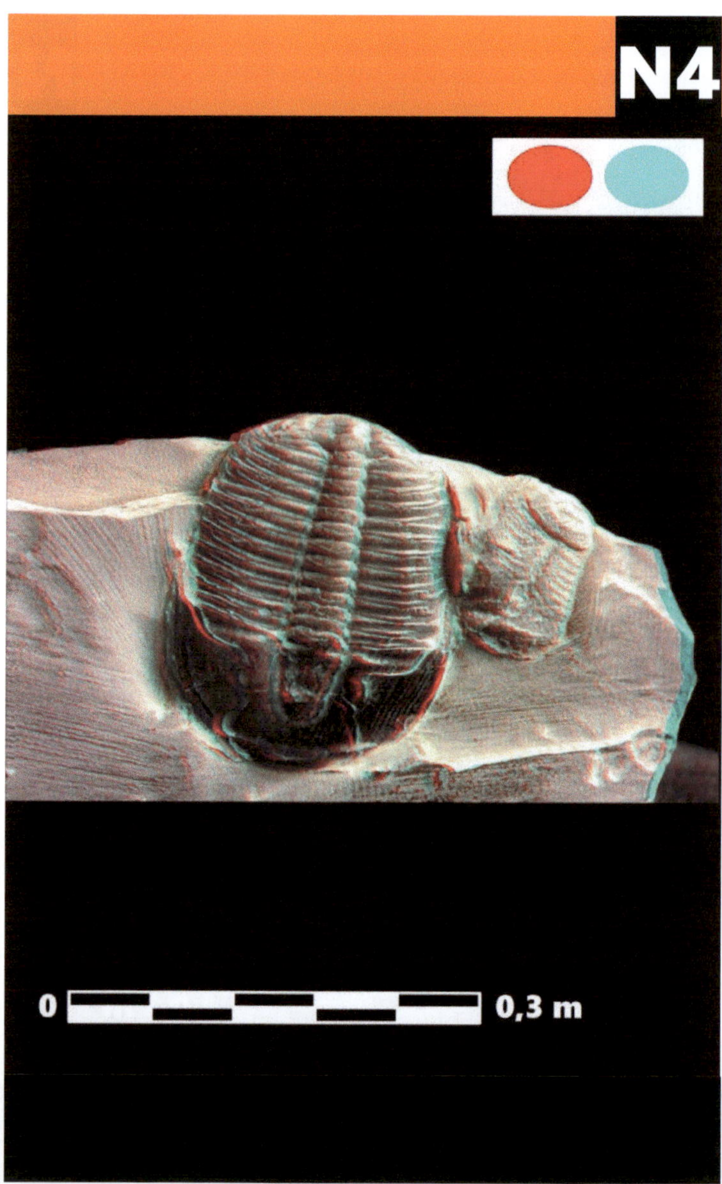

N4
0
0,3 m

0
0,2 m

0
1 m

0
0,5 m

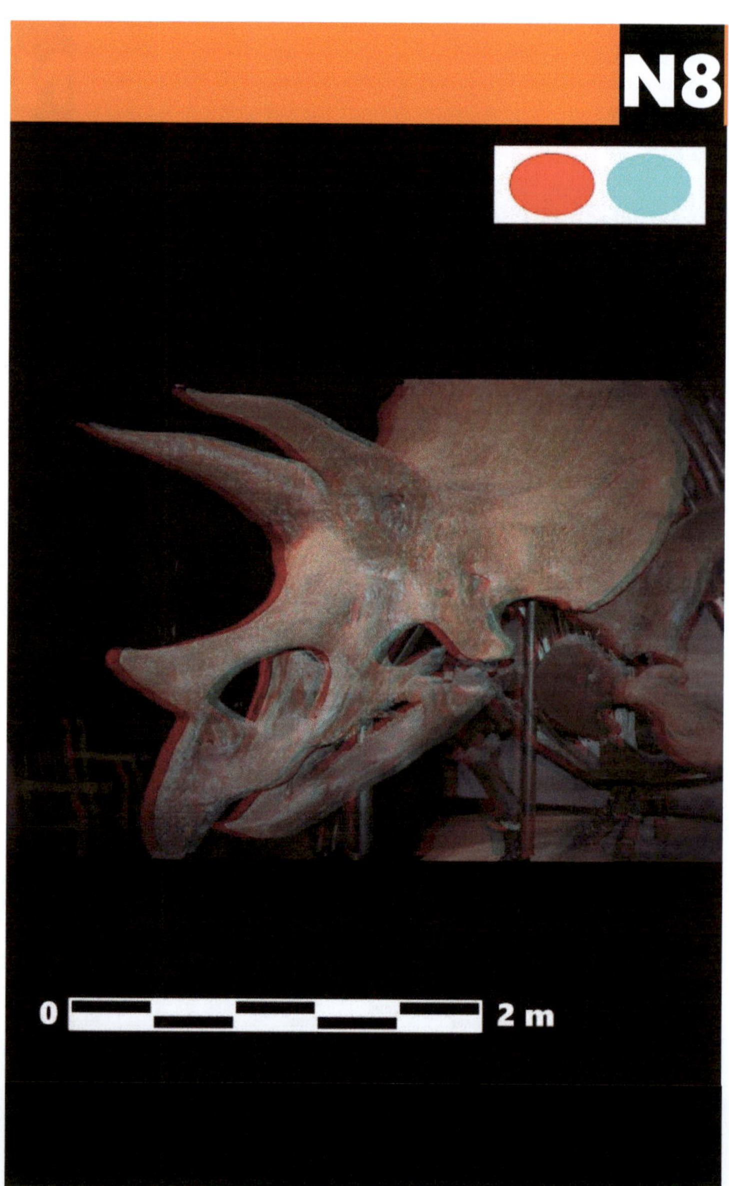

0
2 m

0
3 m

0   3 m

4 Resümee

Anhand der vorliegenden Monografie konnte recht eindrucksvoll demonstriert werden, dass die Stereofotografie ihren berechtigten Platz in der Paläontologie besitzt. Wie die ausgewählten Bildbeispiele sehr klar vor Augen führen, bietet die stereoskopische Aufnahme eine zusätzliche Information in Hinblick auf die räumliche Ausdehnung der einzelnen Objekte, welche für manche wissenschaftliche Fragestellung von erheblicher Bedeutung sein kann. Diese Tiefenausdehnung lässt sich unabhängig von der Größe des zu untersuchenden Gegenstandes generieren, so dass Mikroskopiker und Naturfotograf gleichermaßen einen Zugang zum stereokopischen Bild finden. Im Methodenteil konnte auf die relativ einfache Handhabung der stereoskopischen Methode hingewiesen werden. Während sich in der Rasterelektronenmikroskopie die Kipp- oder Rotationstechnik als Verfahren der Wahl herausstellt, tritt in der Durchlichtmikroskopie noch zusätzlich die sogenannte Bildstapeltechnik (engl. image stacking) auf, welche jedoch für ihre erfolgreiche Umsetzung einiges an Routine erfordert. In der Makro- und Normalfotografie erfolgt in der Regel eine Verschiebung der Kameraposition entlang eines Kreisbogens, wobei sich die Verschiebungsstrecke idealerweise auf 2 bis 10" beläuft. Im Zeitalter der Digitalfotografie können die erstellten Aufnahmen unmittelbar am Computerbildschirm betrachtet, gegebenenfalls zur Anaglyphen zusammengestellt und in letzter Konsequenz auf ihre räumliche Güte geprüft werden. Erweist sich der dreidimensionale Bildeffekt als nicht zufriedenstellend, kann dieser durch eine Erhöhung oder Verringerung des Deviationswertes verbessert werden.

Es ist in diesem Abschlusskapitel darauf hinzuweisen, dass das stereoskopische Verfahren neben seiner raschen Umsetzbarkeit auch keinen größeren Kostenaufwand nach sich zieht. Dieser bleibt in der Regel auf die Kameraausrüstung beschränkt, wobei jedoch beim Aufnahmegerät Wert auf möglichst hohe Qualität gelegt werden sollte. Im Falle der Lichtmikroskopie ist nicht zwingend die Anschaffung eines digitalen Fotoaufsatzes notwendig, da hochauflösende Handykameras, welche vor dem Mikroskopokular montiert werden, erwiesenermaßen ähnlich gute Bildergebnisse zu liefern vermögen. In manchen Fachgeschäften sind bereits spezielle Handyhalterungen für Mikroskope erhältlich.

Bei all den Vorteilen der stereoskopischen Methode darf freilich nicht in Vergessenheit geraten, dass gerade in der jüngeren Vergangenheit auch andere Verfahren der dreidimensionalen Bildgebung in verschiedenen wissenschaftlichen Disziplinen Fuß fassen konnten. Hier ist zunächst die Technik des 3D-Scans zu nennen, bei dem das Untersuchungsobjekt von allen Seiten abgerastert und mithilfe der gewonnenen Information am Computer reproduziert wird. Diese Methode besitzt den großen Vorteil, dass sich das Objekt von allen Seiten sehr genau studieren lässt. Der 3D-Scan bleibt bislang jedoch auf makroskopische Gegenstände beschränkt und erfordert zudem einen nicht unwesentlichen Kostenaufwand. Das Verfahren der Holografie wurde bereits in den 1940er Jahren theoretisch entwickelt und mit der Erfindung des Lasers schließlich auch in die Realität umgesetzt. Der Laser dient zur Generierung eines objektspezifischen Interferenzmusters, welches als Basis für die dreidimensionale Bildgebung gilt. Ein Hologramm stellt ein von allen Seiten betrachtbares Bild eines Gegenstandes dar, erfordert aber für seine Herstellung und Abspeicherung ein spezielles Labor und hohe Rechnerleistungen. Zusammenfassend lässt sich somit festhalten, dass die Stereofotografie zwar über einige Konkurrenzmethoden verfügt, in Bezug auf Kosten- und Zeitaufwand jedoch nach wie vor als unübertroffen angesehen werden kann.

In der Einleitung wurde bereits ausführlich darauf hingewiesen, dass das durch stereoskopische Verfahren erzeugte Raumbild mittlerweile für die Klärung der einen oder anderen wissenschaftlichen Frage seine Verwendung findet. Der Eingang der Stereofotografie in die Wissenschaft findet auf unterschiedlichen Ebenen statt. So wird das 3D-Bild in der Lehre zur effektiveren Darstellung komplexer Strukturen herangezogen. In der wissenschaftlichen Forschung ist es vor allem der große Bereich der Bildpräsentation – sei es auf Tagungen oder in wissenschaftlichen Zeitschriften –, der gelegentlich vom stereoskopischen Verfahren Gebrauch macht, wobei Farbanaglyphen durch klassische Stereogramme oder animierte Bildfolgen ihre gezielte Ergänzung finden können. All die genannten Anwendungsfelder des stereoskopischen Bildes lassen sich bis zu einem gewissen Grad auch in der Paläontologie verwirklichen, da dort sehr häufig das Bedürfnis nach möglichst umfangreicher visueller Information besteht. In der mikropaläontologischen Strukturforschung spielt die effektive Bildgebung eine besondere Rolle, aber auch makroskopische Objekte (Fossilien) können oftmals nur anhand kleiner oberflächlicher Details differenziert werden.

Abschließend lässt sich die Feststellung treffen, dass die Stereofotografie zwar in der Paläontologie allmählich Fuß zu fassen vermag, jedoch noch einen langen Weg bis zu ihrer endgültigen Akzeptanz als wissenschaftliche Standardmethode zu beschreiten hat. Hierfür ist es nötig, bereits im Studium auf die Existenz und Bedeutung des optischen Verfahrens hinzuweisen, um Nachfolgegenerationen an Forschern für diese spezielle Form der Fotografie zu begeistern.

Literatur

Bahr, A. (1991). Stereoskopie. Räume, Bilder, Raumbilder. Thales-Verlag, Essen.

Bräutigam, L. H. (2004). Stereofotografie mit der Kleinbildkamera: Eine praxisorientierte Einführung in die analoge und digitale 3D-Fotografie. Wittig Fachbuchverlag, Hückelhoven.

Cypionka, H., **Völcker**, E., **Rohde**, M. (2016). Stacking-Programm PICOLAY – Erzeugung virtueller 3D-Bilder mit jedem Lichtmikroskop oder REM. Biospektrum 22, 143-145.

Goldstein, J. I., **Newbury**, D. E., **Joy**, D. C., **Lyman**, C. E., **Echlin**, P., **Lifshin**, E., **Sawyer**, L., **Michael**, J. R. (2003). Scanning Electron Microscopy and X-ray Microanalysis. Springer, New York.

Hecht, E. (2005). Optik. 4. Auflage. Oldenbourg Wissenschaftsverlag, München.

Helmcke, J. G. (1989). Mikroorganismen stereoskopisch betrachtet. In: Kemner, G. (Hrsg.). Stereoskopie. Technik, Wissenschaft, Kunst und Hobby. Museum für Verkehr und Technik, Berlin, 71-78.

Kuhn, G. (1999). Stereofotografie und Raumbildprojektion. VfV-Verlag, Gilching.

Lehmann, U., **Hillmer**, G. (1988). Wirbellose Tiere der Vorzeit. Enke-Verlag, Stuttgart.

Lorenz, D. (1987). Das Stereobild in Wissenschaft und Technik. Ein dreidimensionales Bilderbuch. Wittig Fachbuchverlag, Hückelhoven.

Lorenz, D. (2012). Fotografie und Raum. Waxmann Verlag, Münster.

Pietsch, W. (1953). Die Praxis der Stereo-Nahaufnahmen. VEB Wilhelm Knapp Verlag, Halle/Saale.

Raap, E., **Cypionka**, H. (2011). Vom Bildstapel in die dritte Dimension: 3D-Mikroaufbahmen mit PICO-LAY. Mikrokosmos 100, 140-144.

Sturm, R. (2009). 3D photography of fossils: Ammonites from the Northern Limestone Alps in Austria. Deposits Magazine 18, 10-13.

Sturm, R. (2011). 3D photographs of fossil gastropods from the ancient Paratethys ocean. Deposits Magazine 26, 12-15.

Sturm, R. (2015). Mikroskopische Studie fossiler und rezenter Kleinstlebewesen. Cuvillier, Göttingen.

Sturm, R. (2015). Die Stereofotografie biologischer Objekte. Biologie in unserer Zeit 45, 52-55.

Sturm, R. (2016). Stereoskopie in Mathematik und Naturwissenschaften. Cuvillier, Göttingen.

Sturm, R. (2016). Die Stereofotografie und ihre Nutzung zur Klärung wissenschaftlicher Fragestellungen. Mikroskopie 3, 86-100.

Sturm, R. (2017). Stereoskopische Methoden in Mathematik und Naturwissenschaften. Naturwissenschaftliche Rundschau 70, 168-174.

Sturm, R. (2017). Stereoscopic Photography in Transmitted Light Microscopy. Microscopy Today 27, 47-49.

Sturm, R. (2017). Cricket embryos in 3D. Micscape Magazine 6, 4.

Sturm, R. (2017). Use of stereophotography in insect science - methods and applications. Linzer biologische Beiträge 49, 1209-1218.

Sturm, R. (2018). Stereofotografie in der Elektronenmikroskopie – Teil 1: Entomologie. Mikroskopie 5, 66-72.

Sturm, R. (2018). Stereofotografie in der Elektronenmikroskopie – Teil 2: Mikropaläontologie. Mikroskopie 5, 129-136.

Sturm, R. (2018). Stereofotografie in der Elektronenmikroskopie – Teil 3: Kristallografie. Mikroskopie 5, 188-199.

Sturm, R. (2018). Stereoscopic light-microscopy in biology – A review. Linzer biologische Beiträge 50, 1697-1705.

Sturm, R. (2018). Stereofotografie in der Elektronenmikroskopie. Grin-Verlag, München.

Tauer, H. (2010). Stereo 3D. Schiele & Schön, Berlin.

Thenius, E. (1981). Versteinerte Urkunden. Springer, Berlin, Heidelberg, New York.

Bildnachweis

Tafeln R1, R2, R8-10, L7-10: Datenbank MIRACLE (www.ulc.ac.uk); **Tafel R3**: Von Hannes Grobe (talk) - Eigenes Werk, CC BY 3.0, https://commons.wikimedia.org/w/index. php?curid= 6829559; **Tafel R4**: Jeremy R. Young, Natural History Museum of London, http://cmore.soest.hawaii.edu/education/kidskorner/images/emiliania_600px.jpg; **Tafel R5**: Klaus Hausmann, https://www.berliner- mikroskopische-gesellschaft.de/mikrofotos_2/mikrofotos _radiolarien.html; **Tafel R6**: Von Picturepest - Hiastriatum quaternarium Ehrenberg - Radiolarian, CC BY 2.0, https://com mons.wikimedia.org/w/index.php?curid=63543731; **Tafel R7**: Von Hannes Grobe/AWI - Eigenes Werk, CC BY 3.0, https:// commons.wikimedia.org/w/index.php?curid=5735811; **Tafel L2**: E. Raap; **Tafel L3**: W. van Egmond; **Tafel L4**: Von Picturepest - Thyrsocyrtis sp. - Radiolarian, CC BY 2.0, https://commons.wikimedia.org/w/index.php?curid=63543839; **Tafel L5**: Von Massimo brizzi - Eigenes Werk, CC BY-SA 4.0, https://commons.wikimedia.org/w/index.php?curid=64799845; **Tafel L6**: Von Лаборатория Микрокосмос - Eigenes Werk, CC BY-SA 4.0, https://com mons.wikimedia.org/w/index.php?curid=64717615; **Tafeln N6-10**: www. pixa bay.com

Anmerkungen: Die oben genannten Internetseiten wurden letztmalig am 13. 7. 2021 abgefragt. Die Erstellung der anaglyphischen 3D-Bilder erfolgte nach Generierung einer virtuellen Tiefenkarte der abgebildeten Objekte auf Basis eines Helligkeitsgradienten. Die Karte wiederum diente als Grundlage für eine am Computer durchgeführte Objektrotation mithilfe der von H. Cypionka entwickelten Software PICOLAY.